"十三五"普通高等教育本科部委级规划教材

清华大学名优教材立项资助

FUZHUANG SECAI SHEJI

服装色彩设计

（第3版）

李莉婷 ｜ 编著

U0241579

中国纺织出版社有限公司

内 容 提 要

本书为"十三五"普通高等教育本科部委级规划教材之一。全书分为七章，前三章为基础理论部分，讲述了服装色彩的基本原理和实用技巧，包括服装色彩的独特性、表现性和配色原理，习题中依然坚持手绘，在理论指导下完成调色和配色训练；第四章对服装色彩与材质的关系进行了重新梳理，在讲解服装色彩与服装风格部分加入了大量实例；第五章、第六章重点在于设计方法的剖析，从色彩灵感的收集到系列设计的呈现，图例丰富充实，对书中所讲理论的具体运用做了进一步的深入；第七章预测部分的案例采用学生们的小组作业呈现，通过具体而生动的教学实践来展示色彩预测的流程。

本书内容全面，既有理论系统的阐述又有实践运用的案例，适合作高等院校相关专业教材，也适合服装行业从业人员对服装色彩设计的系统性学习与参考。

图书在版编目（CIP）数据

服装色彩设计 / 李莉婷编著. --3 版. -- 北京：中国纺织出版社有限公司，2021.7

"十三五"普通高等教育本科部委级规划教材

ISBN 978-7-5180-8348-0

Ⅰ. ①服… Ⅱ. ①李… Ⅲ. ①服装色彩—设计—高等学校—教材 Ⅳ. ①TS941.11

中国版本图书馆CIP数据核字（2021）第023042号

————————————————————————

责任编辑：谢冰雁　　责任校对：寇晨晨　　责任印制：王艳丽

————————————————————————

中国纺织出版社有限公司出版发行

地址：北京市朝阳区百子湾东里A407号楼　邮政编码：100124

销售电话：010—67004422　传真：010—87155801

http://www.c-textilep.com

中国纺织出版社天猫旗舰店

官方微博http://weibo.com/2119887771

北京华联印刷有限公司印刷　各地新华书店经销

2000年3月第1版　2015年8月第2版　2021年7月第3版第1次印刷

开本：787×1092　1/16　印张：15

字数：248千字　定价：79.00元

————————————————————————

第1版序

　　20世纪80年代中期，那时我国的服装设计才刚刚起步，我也还是一个迈出校门不久的大学生。记得有一次我随同事们去观看一位国际级大师的时装设计发布会，展示会上，一队队身着黑色服装的模特在红色背景的衬托下缓缓流过，这一场景带给我前所未有的震撼，也使我第一次感受到了色彩的力量。十几年过去了，大大小小的展示会不知看过多少场，唯有那场给我留下了深刻的印象，其服装款式、背景音乐等我都已经记不清了，但那强烈的，甚至带有几分夸张的色彩效果至今仍停留在我的脑海中挥之不去，它使我认识到了服装色彩设计的重要性。作为服装设计的诸多要素之一，服装色彩同服装款式、服装面料、服装配饰等既相互支持，又相互制约，是每一位从事服装设计的人员所必须充分掌握并能够熟练运用的技巧与手段。

　　不可否认，评判一件设计作品的好坏，带有较大的主观性，即所谓"仁者见仁，智者见智"。另外，设计本身又必将受到许多因素的制约与规范，服装色彩设计也不例外。这门课程是我院服装设计专业的专业课程，它以色彩构成作为理论基础，我在写这本书的时候，假设学生们已经完成了色彩构成课程的学习，因此有关色彩的基础理论内容被大大压缩。书中大量篇幅主要讲解的是服装上的色彩、设计服装时所要考虑的色彩因素、服装色彩设计的方法、服装与流行色的关系，以及服装配色美的规律、色彩灵感的获得等。同时考虑到服装色彩设计是一门实践性很强的课程，本书在第七章专门就服装配色的训练方法从头至尾详细地进行了讲解，并配有大量的作业加以说明和评述，以增加学生的感性认识。通常各类专业课都是专业基础课程的延伸，学生们可以根据他们在基础课中学到的理论知识进行一定的发挥，服装色彩设计的作业也就比色彩构成的作业有了更大的随意性。

编者
1999年8月

第2版序

　　这本教材第一次出版还是在2001年，时隔十三年才再版无疑是一个略显迟钝的举动。在今天这样一个飞速发展的时代，创新已经成为挂在每个人嘴边的口头语，专注变得过时，十三年的跨度似乎足以让许多时髦的概念沧海桑田，这个时候把这样一本兼顾了基础原理和设计应用的教材重新再版，在内容编排上，专注与创新之间的平衡该如何把握呢？

　　首先，作为教材前面的基础部分（第一章、第二章、第三章），显然是相对固定的，在第1版教材中，这部分内容是教材整体内容的坚实基础。如第二章中的那些色彩学的基本原理，是每一位学习色彩设计的同学所必须学习的基本规律，就如同自然界的规律，如四季更替一样，并不因时光流逝或每个人的主观愿望所更改。在再版中，基础部分内容依然处在全书重要位置，基本上延续了上一版内容。

　　新版教材从第四章起，有意识体现这十三年来外部环境变化在人们对色彩审美认知、服装面料技术发展、服装色彩预测等几方面的变化和反应。新版第四章、第五章是从原教材第四章里分解出来的，学生们从中可以领会到对专业色彩的材质与设计方法的强调。在服装色彩与材质、款型的关系章节中，本书加入大量实例来表现由于科技进步在服装材质上的发明与创新，并由此带来的服装色彩的丰富和变化，以及带给服装色彩设计的影响；在服装色彩的设计方法一章中加入了个人的色彩研究，倡导"从色彩入手进行服装设计"这样一种新的理念和方法。新版第六章的内容对应原教材的第五章，其训练更加关注中国传统色彩的学习与研究。同时，由于近十年来色彩审美知识的普及，社会整体审美水准趋于成熟。这种知识的积累和认识的稳定促成了服装色彩预测学科的形成，本教材第七章专门辟出一章来讨论服装色彩趋势预测的知识内容。

　　与原教材全部用效果图呈现学生作品不同，再版后的教材增加了部分图例来展示学生们的服装实物（毕业设计）作品，从"纸上谈兵"到"真材实料"，可以更全面地反映学生们在服装设计过程中的色彩修养和应用技巧。

　　我从事服装色彩教学已经三十多年了，这本教材可以说是对自己这三十多年教学经验、设计经验的一次很好的梳理和汇总。感谢清华大学"985"三期教材建设对本教材的支持；感谢中国纺织出版社对我的鼓励；感谢我的研究生为图片的完美呈现付出的努力；感谢历年来我的所有学生们所呈现的优秀作品，大家的努力使得这本再版教材终于得以和读者见面。我不知道在快节奏的今天这样一本教材的生命周期会是多久，但我认为"效率"的概念应该只是属于商业领域，而科学规律、艺术魅力都不会昙花一现，它们可以持续影响我们，有时甚至是一生，两者不能混为一谈。

李莉婷

2014 年 8 月 1 日于英国爱丁堡复活节路

第3版序

色彩与人们的生活关系越来越密切，专业教材《服装色彩设计》第3版在第2版发行五年后再度出版，应该说是一个很好的说明，当然也是对我自己的鞭策。

新版彩图中添加了一些近几届的学生作品，一方面反映了本课程的连续与传承，另一方面也想让大家看到清华美院纺织与服装设计专业多年来对专业色彩课的认可与坚守。这些作品看似简单，但其中折射出一个个人学术认知与教学体系如何融汇和对应的问题；课程是否重要？在今后职业发展中又如何萌生新意？并不是老师在课堂上反复强调就可以解决的，而是要通过具体的教学实践来强化和证明。

在我看来，色彩要素就如同空气一样，很容易被设计专业的同学或设计师所忽略，这源于它的易于感受、不难学习和理解的原因。色彩的"感性""易变性"是双刃剑，好的色彩使人舒服、愉悦，反之则不舒服、甚至会造成视觉的污染！不少初学色彩的人总想寻找一些快速的、标准的、好的配色答案，如哪个颜色与哪个颜色搭配好看、哪个颜色与哪个颜色搭配不协调。我想告诉大家的是，我们最后看到的一个所谓好的配色方案，那可能只是一个案例所呈现的表面结果，而这个结果的形成需要诸多综合因素来促成。也就是说，评价颜色的好看度或者美度是在一定条件下，比如环境、材料、目的、文化等，当然还要包括观察者主观的、情绪的因素。所以，色彩的学习不能急功近利，一蹴而就。它是一个打基础的、长期的学习过程。从广义上讲，色彩是一种修养；狭义地说，是指一些色彩基础理论指导下的课程学习，比如本人的课程和教材。这里能够讲出来和写出来的都属于共性的理论知识，但它是最最基本的。在基础之上不断地丰富和加强自身感受力，把未来的发展空间留给不同时代的学习者，一步步慢慢提升色彩的综合修养和创造力，应该是一个色彩学习者的必经之路。著名色彩理论家约翰内斯·伊顿说过："对色彩的认真学习是人类使自己具有教养的一个最好方法，因为它可以导致人们对内在必然性的一种知觉力。"

新版第四章第一节对服装色彩与材质的关系进行了重新梳理，第三节服装色彩与服装风格的部分内容作了删减和增加；第五章、第六章添加了一些色彩运用的图例和案例分析；第七章调整的内容多一些，希望通过学生们的小组预测作业过程和展示，从一个侧面反映当下年轻人特有的思想、丰富的生活状态以及他们团结合作的协同能力。

最后，感谢中国纺织出版社有限公司在这一版给予我的具体而有效的建议！感谢我的研究生在假期为之付出的努力！感谢所有上过我课程的同学们，他们的积极配合使我每一次都能很好地完成预期的教学任务；在他们漂亮的色彩手绘、美妙的服饰色彩设计、有趣而富有想象力的色彩趋势报告中，读者不难发现，每一届学生都能在那些相对不变的基础原理中表现出属于他们自己的灵气和细微感受。学生们的投入与才情深深感染着我，课堂也是我不断学习的最佳地点。

李莉婷

2020年2月22日 于北京

教学内容及课时安排

第一章（4课时）	基础理论	· 服装与色彩

服装色彩设计的概念与范围
服装色彩的独特性
服装色彩的表现性

第二章（12课时）	基础理论	· 基于色彩基础原理的服装配色

色彩的性质
色彩知觉
色彩心理

第三章（4课时）	基础理论	· 服装色彩的配色原理

色的统一
色面积的比例
色的平衡
色的节奏与韵律
色的单纯化
色的复杂化
色的强调
色的间隔
色的关联

第四章（4课时）	理论兼实践	· 服装色彩与材质、款型的关系

服装色彩与材料
服装色彩与装式、款式
服装色彩与服装风格

第五章（8课时）	理论兼实践	· 服装色彩的设计方法

从（整体）概念到（局部）要素
从（局部）要素到（整体）概念
从色彩入手开始设计
服装色彩的整体协调
服装色彩的系列设计

第六章（8课时）	理论兼实践	· 服装色彩的源泉

色彩的采集与重构
源泉色

第七章（8课时）	理论兼实践	· 服装色彩的预测与流行

色彩预测
流行色

注：课时数可根据对象、教学计划等的不同而灵活调整。

目 录

基础
理论

理论兼
实践

基础理论

第一章　服装与色彩

课题名称：服装与色彩

课题内容：服装色彩设计的概念与范围

　　　　　　服装色彩的独特性

　　　　　　服装色彩的表现性

课题时间：4课时

教学目的：本章从服装色彩的独特性和表现性的分析入手，阐述作为专业色彩——服装色彩区别于其他专业色彩的面貌与特征，进而强调色彩语言对于服装和服装设计的重要性。

教学要求：1. 了解色彩要素在服装中的作用。

　　　　　　2. 区别服装色彩与其他专业色彩的概念与特征。

课前准备：掌握服装设计的相关概念；收集喜欢的服装色彩图片和服装面料。

服装与色彩

第一节　服装色彩设计的概念与范围

一、概念与范围

　　服装色彩设计的关键是和谐。服装整体的诸要素包括上下衣、内外衣；衣服与鞋、帽、包等配饰；面料与款式；衣服与人；衣服与环境等。它们之间除了形、材的配套协调外，色彩的和谐，如主与次、多与少、大与小、轻与重、冷与暖、浓与淡、鲜与灰等关系显得尤其重要。因为色彩在服装上的表现效果不是绝对的，适当的色彩配置会改变原有色彩的特征及服装性格，从而产生新的视觉效果。怎样才能达到和谐的色彩效果？怎样做到色彩搭配得当？怎样通过服饰色彩表达穿衣人的个性？怎样迎接多变的色彩潮流？这些都是一个设计人员或穿衣人事先应该考虑、去做的事情，我们将考虑、计划这些问题的过程称为服装色彩设计。

　　服装色彩设计的学习和研究牵涉的范围非常广泛，它以色彩学原理为服装色彩设计的理论基础，先后对色彩的物理学、生理学、心理学进行讲解；色谱以外的色彩学习对丰富学生的色彩感觉很为重要，所以对美学中的创造性美学、大量的源泉色彩也应深入研究；服装作为一面镜子，还要考虑到社会制度、民族传统、文化艺术、经济发展等诸因素的影响；服装面料是服装色彩的载体，在服装色彩设计课中非常注重面料质感与色彩的协调关系；服装色彩的整体设计还涉及服装的造型、款式、配饰，以及与人有关的性别、年龄、性格、肤色、体形、职业、环境（季节、场合）等；配色的形式法则是和谐色彩应遵循的方法；服装还有其商品性特征，有关消费心理学、市场学和流行色的研究也是不容忽视的。综合上述信息可以了解到，服装色彩设计是设计领域中多学科交叉的新兴边缘学科，它的学习和研究是系统的、综合性的。拓宽知识面，有助于服装色彩的完美、深入表达。

二、教学要求与方法

服装色彩设计课是为了培养学生对服装色彩的审美能力，了解服装色彩的个性和艺术规律而设置的。通过课题训练使学生提高服装色彩的整体搭配能力，进而形成对服装色彩的创造性思维方式。

具体的教学要求有以下几点：

（1）了解色彩的基本规律，掌握色彩三要素之间的关系，明确色彩各种调式。

（2）在注意色彩形式美的前提下，力求色彩信息的传达，使色彩语言更有针对性，从而达到设计目的。

（3）熟悉服装材料，使色彩的感情与材料质感的表情相得益彰。

（4）汲取传统艺术、民间艺术、姊妹艺术的营养，借鉴自然色彩、异域色彩等进行色调的训练。

（5）关注服装市场，了解并感受色彩要素在品牌战略中的意义。

（6）了解流行色，并尝试着对流行色进行预测与发布，以便把握时代的脉搏。

（7）以大量作业体现理论与实际的结合。作业要求是服装与人的综合表现（人物形象、人体动态、服装款式可以非常简单）；作业必须符合课题要求，并在此前提下强调学生的创造力与想象力。

教学方法以老师讲授与课堂辅导、学生做作业为主，配合讲课内容进行图片与示范作品赏析，最后组织教学观摩、讲评。

学生在此课中以徒手绘画为主（也可利用计算机做适当练习），结合真实面料与色纸进行拼贴。颜料、工具、手法都可以根据所要表达的服装及材料进行变换。颜料特质的充分展现，工具的采纳，材料肌理的细微表达，都体现着学生的技术能力。

第二节　服装色彩的独特性

一、人本身直接成为设计的重要要素

自然事物中发展到最高阶段的美是人体的美，它完整性最强、个体性最为显著。而人又是一个社会的主体，所以，对于个体的人的美来说，它不仅是自然美，同时也是社会美和精神美。服装所包含的全部意义就在于此，人—社会—精神。作为服装设计三大要素之一的色彩，其独特性首先就是它以人为直接客体的设计。

与动物、植物的不同点在于，人具有鲜明的个体性。这些个体的人不仅有着种类的普遍性，还有着人的个别性。这种普遍性和个别性，一方面表现在人的自然属性上，如性别、年龄、体型、人种等；另一方面则是人的社会属性，如职业、信仰、受教育程度等。这也就构成了服装色彩的规律性和多样性。

色彩，这一无声的语言，常成为穿衣人欲求的直接反映。色彩比款式的线条、结构表现得更为明晰，也更为生动，并且在人类社会中一直充当着重要角色。试想一群未穿衣的裸体人，是很难看出他们的特性的，只有穿上服装，才能表现出一个人的性格、身份以及文化层次。

二、 服装色彩的实用性

人天天要吃饭，天天要穿衣，服装有别于其他造型艺术还在于它的实用性（除少数以纯美为追求目标的表演服装外）。上班穿职业服，跑步穿运动服，正式场合穿礼服，休息穿睡衣，海滩穿泳衣……服装无时无刻不在伴随着人们，保护着人们，美化着人们。可以说，生活离不开服装，服装上的色彩随时都在进行着表达与诉说。

服装设计中常说的"T、P、W、O"原则，就是实用性的具体体现。"T"，英文"Time"的缩写，指穿着的时间、季节；"P"，英文"Place"的缩写，指穿着的地点、场合；"W"，英文"Who"的缩写，指穿着的对象、人物；"O"，英文"Object"的缩写，指穿着的目的。这些规定和要求是服装配色时必须要考虑的条件。

三、服装色彩载体的特定性

所谓服装设计，其实就是"是以机能为前提的一种美的追求"。从狭义的服装设计讲，"考虑式样的工作是质料的构成，也包括色彩的构成"。色彩在服装设计的诸多要素中可谓是第一性的。在观看或选择服装时，首先影响我们的往往是色彩的力量。然而，服装中色彩的设计是不能凭空想象的，它需要与面料同时考虑。因为面料是服装色彩的"载体"，服装色彩只有通过具体的面料才能得以体现。面料的美（包括表面肌理、材质性能等）对服装色彩的美起着决定性的作用。服装色彩与面料质感紧密相连，同是一个颜色，不同的面料所表达的感情是完全不同的。例如黑色，在平纹布上有朴实感、廉价感，在丝绒、绸缎上有雅致感、高贵感，在皮革上则有冷峻感、力度感。设计时如只公式化地套用色彩性格，无视面料质感所给予色彩的不同程度的变化，那么服装色彩效果则很难达到预期的目的。尽管这种变化有时很微妙，但正是这种微妙给服装色彩的组合带来了无限的含义，使服装色彩在这种微妙变化中发挥其独有的特性。

四、服装色彩的流动性

服装与服装色彩的载体是人，人是一种充满了生命活力的物体，他们从早到晚不停地运动着，摆动着躯体，变换着场所。服装色彩设计中讲究的"地点""场所"就是这一特性的充分体现。

五、服装色彩的流行性

"服装"可以说是流行与时尚的代名词。在诸多产品的设计中，服装的变化周期是最短的，它关注流行、体现流行的程度也是最高的。在流行色的宣传活动中，通过服装展示来表达流行是很重要的内容之一。

六、服装色彩的季节性

一年四季，冬暖夏凉。服装，就它的实用性而言，其主要特征就是伴随着季节的更替而不断变化。这是其他产品设计无可比拟的。服装色彩设计中提到的"时间"概念多指季节性的考虑。

第三节 服装色彩的表现性

服装可谓是社会的一面镜子，不同的民族、不同的时代、不同的政体、不同的经济所反映的衣着面貌是各不相同的。作为服装中最具表象特征的色彩，往往也渗透和注入了不同民族的文化背景、时代的变革烙印、人类自我表现所体现的审美趣味、思想意识的象征、机能性的色彩处理、宗教信仰的差异等。学习和研究这方面的知识，将帮助我们更深入地理解色彩的表征，因为在服装色彩设计中，这些服装色彩的表现性对人的审美标准和审美价值都起着不容忽视的潜在作用。

一、服装色彩的民族性

服装色彩所表现出的民族性，与生息这个民族的自然环境、生存方式、传统习俗以及持有的民族个性等方面有关。色彩可谓是一个民族的民族精神标记。纵观世界，"东方人见到统一而忽略了差异，西方人则看到差异而遗忘了统一。前者把自己永恒的一致性所持有的一视同仁的态度推进到了麻痹状态，后者则把自己对于差异性和多样性的感受扩张到无边幻想的狂热地步"。这种东西方民族不同的心理，直接影响着人们的审美观念和色彩体验。如西班牙民族，他们那种热情、奔放的活跃秉性与明朗色彩早为世人所熟悉；北欧阴冷、严酷的自然条件与持续甚久的宗教哲理精神，致使日耳曼民族用色冷峭、苦涩；印度浓妆艳抹的热带色彩与阿拉伯沙漠宝藏的繁缛绮丽，同样以传奇的异国情调令人目眩神迷。"含蓄的深远，朦胧的韵味"是古老的中华民族几千年传统审美的积淀。以红色和黑色为代表的民族色彩，无论是人类早期赤铁矿粉染过的装饰品或新石器时期的红、黑两色彩绘的彩陶（红色为赭红色、土红色，黑色为灰黑色、暗黑色），还是"黑里朱表，朱里黑表"的战国漆器、流传至今的女红男黑结婚礼服，都表明中华大地那既热情又含蓄的民族特性。

我国地大物博、人口众多，有从亚热带、温带至寒带的地理气候，还有着五十六个民族。笼统地讲，北方民族因寒季较长，服装色彩多偏深；南方民族因暖季较长，服装色彩多偏淡。具体到每个民族，又都有着各自用色的民族风格。例如，新疆地区的维吾尔族，属绿色较少的沙漠民族，他们的室内装饰五彩斑斓，服装用色也多采用黄沙中少见的绿色、玫红色、枣红色、橘黄色等浓艳色（玫红色是维吾尔族妇女最喜爱的颜色）。被誉为"朝霞锦"的艾德莱丝绸，在沙漠、雪山、蓝天的衬托下是那样夺目、和谐。这与维吾尔族人直爽、开朗、热情的性格是极其吻合的。地处云南的傣族，祖祖辈辈生活在气候炎热、植物茂盛、风景秀丽的澜沧江畔，服装色彩多以鲜艳、柔和的色组出现，如淡绿色、淡黄色、淡粉色、玫红色、粉橙色、浅蓝色、浅紫色等，最深也就是孔雀绿色了，白色运用得很广泛。这种民族的生活条件，尤其是自然或风土的条件，使得各民族都持有其独特的色彩爱好，从而也就形成了其民族独有的色彩感觉。服装中这些民族性色彩直接影响到服装所体现的象征性或装饰性。

随着时代的进步、科学的发展，各民族间的文化交流日趋频繁。通过相互学习、相互借鉴，使得民族与民族间共通的东西多了起来。然而，无论怎样开放、怎样创新，扎根于沃土的民族文化和民族精神永不能丢。许多成功的设计师就是立足于民族风格，在继承本民族服饰精华的同时，汲取其他国家、其他民族的养料，使自己在国际时装舞台上占有一席之地。例如，日本服装设计师三宅一生是在西方文化的影响下成长的，但其设计走的却是一条与西方传统截然不同的路。他参考日本和服的裁剪法，采用和服袖子的形状，最后完成古代与未来混为一体的独特样式的创造。三宅一生设计的服装色彩多为日本民族喜爱的白色、茶色、赭褐色系列。

值得注意的是，服装的民族性，并不是单指传统的民族服装，也不是让你照搬古代的或现有的东西。民族性需要与时代特征相结合，只有将民族风格打上强烈的时代印记，民族性才能体现出真正的内涵。

二、服装色彩的时代性

服装色彩的时代性，指在一定历史条件下，服装色彩所表现的总的风格、面貌、趋向。当然，每一时代都会有过去风格的痕迹，也会有未来风格的萌芽，但总会有一种风格成为该时代的主流。

服装上所能看到的色彩可说是历史发展的见证。殷代崇尚白色，夏代崇尚黑色，周朝崇尚赤色，秦代崇尚黑色。从战国时期楚墓出土的织物看，当时楚国流行褐色系衣着，如深棕底黄色菱纹锦，褐底红黄矩纹锦等；汉代出土的大量织物基本上是红褐一类的暖色调；魏晋时期则崇尚清淡；盛唐由于开拓了"丝绸之路"，织品色彩极为丰富，有银红色、朱砂色、水红色、猩红色、绛红色、绛紫色、鹅黄色、杏黄色、金黄色、土黄色、茶褐色、宝蓝色、葱绿色等。从当时画家张萱的《捣练图》和《虢国夫人游春图》、周昉的《簪花仕女图》来看，衣着色彩绚丽而不失典雅，花纹繁缛而不失和谐。这与唐朝开放的体制、繁荣的经济、广泛吸收外来的精华密切相关，丰富、饱满的色彩显示了生活的充足和安定。宋代的织锦、缂丝技艺达到了相当水平。从李公麟的《维摩诘图》、马远的《女孝经图》和苏汉臣的《贵妃晚妆图》可以看出，当时的衣着用色素雅庄重、缜密和谐，很少用高彩度的原色。元代民间的印染工艺发展迅猛，就褐色的品种来说就有鹰背褐色、银褐色、珠子褐色、藕丝褐色、丁香褐色等数十种。由于色彩变化多，漂染技术精湛，褐色成为当时的流行色。

服装色彩的时代特征有时也笼罩着极强的政治色彩。就说秦代崇尚的黑色，就与当时盛行的"五色说"有着密切关系。五色源于五行，由金、木、水、火、土派生而为五方正色——青、黄、赤、白、黑。《吕氏春秋》记载："黄帝曰：土气盛，故其色尚黄；禹曰：木气盛，故其色尚青；汤曰：金气盛，其色尚白；文王曰：火气盛，其色尚赤；代火者必将水，水气盛，其色尚黑。"从五行相生相克的关系中，秦始皇自认为是应水德克了周朝的火焰而王天下。所以，秦朝的服装和旌旗大量使用黑色，如呈黑顶的皇帝冕冠板，冕服也定为黑色玄裳，色彩成了名副其实的"政治色彩"。又如东欧剧变，美国经济萧条的大气候，形成了美国1991年以东欧民族、民间色彩为主导的服装色彩趋势。

服装色彩的时代感也标志着同时期的科技与工业发展水平。20世纪70年代，当阿波罗登月计划成功时，人们出于对这计划成功的喜悦，一时间国际上掀起了"银色的太空色"热潮，时髦的西方妇女，不仅银色裹身，而且还涂上银色指甲油，银色遍布这一时代。

服装色彩的时代性同样也制约于人们的审美观念和意识，而社会文艺思潮、道德观念等诸因素又影响着人们的审美意识。在第一次世界大战前夕，欧洲各国经济快速发展，帝国主义疯狂地向外扩张。在美术界出现了野兽派、立体派等新的艺术流派。此时，来自异国情调的俄罗斯芭蕾舞红极一时。在这种时代背景下，以保罗·普瓦雷（Paul Poiret）为代表的服装设计师们冲破传统的形式主义，废弃了紧身胸衣，发布了不束胸、不束腰的改良服，服装色彩艳丽，富有东方情调，强调华美的装饰。1919年，德国魏玛创办了包豪斯学院，掀起了以设计为中心的功能主义运动。在服装界，夏奈尔（Chanel）追求新的服装材料，如具有收缩性、柔软性的针织物。她还追求具有活动功能的线条表现，如无领对襟直身上衣，追求简洁、淡雅、朴素的色彩效果。夏奈尔式的造型和色彩成了这一时期的代表性风格。1987年的西欧和日本都曾流行一种简朴风格的服装，造型无线条、无结构，色彩暗淡，给人一种神秘、阴沉的感觉。而这种破旧不堪、褪色的反传统服装，竟也随着经济萧条、贫富悬殊的推波助澜，一跃成为中产阶级的新时尚。另外，追求简单的穿着已是一种流行趋势，因为现代人早已厌倦了充满暴力与恐怖主义的社会，他们渴望追求平静、单纯的生存空间，衣着最好也朴实无华。

从以上这些例子可以明显看出，服装色彩常常成为时代的象征。作为时间和空间艺术的服装，它的美是运动的、发展的、前进的，它需要创造，需要推陈出新，这正是时代特征所具有的面貌。流行色就是时代的产物。

三、服装色彩的象征性

服装上所看到的色彩不只限于一般色性的象征，也不是具体的指某一个单纯的颜色。这里的象征性是指色彩的使用，它将涉及与服装关联的民族、时代、人物、性格、地位等因素，所以，服装色彩的象征性包含有极其复杂的意义。

早在黄帝轩辕时代，我国就有了"作冕旒、正衣裳、染五彩、表贵贱"的服制，使用不同的色彩显示身份的尊卑、地位的高低。黄色在古代中国被称为正色，既代表中央，又代表大地，被当作最高地位、最高权力的象征。爱新觉罗·溥仪在《我的前半生》中有段关于黄色的描述："每当回想起自己的童年，我脑子里便浮起一层黄色：玻璃瓦顶是黄的，轿子是黄的，椅垫子是黄的，衣服鞋帽的里面、腰上系的带子、吃饭喝茶的瓷制碗碟、包盖稀饭锅子的棉套、裹书的袱皮、窗帘、马缰……无一不是黄的。这种独家占有的所谓明黄色，从小把唯我独尊的自我意识埋进了我的心底，给了我与众不同的'天性'。"唐代李渊建唐后规定：除了皇帝可穿黄衣外，"士不得以赤黄为衣"。之后，唐太宗又制定了一至九品的服装颜色，以袍衫色来区别官员等级：二品以上服紫，五品以上服绯，六品、七品服绿，八品、九品服青。后因怕深青乱紫，改定八品、九品服碧。紫和绯成为富贵的象征。综观我国古代社会的服饰色彩，凡具有扩张感、华丽感的高彩度色或暖色系的色都被统治阶级所用，以象征他们的权力和荣耀，而平民百姓只能用有收缩感的、寂静的低彩度色和青绿色。

服装上所看到的色彩也是一个民族的象征，在本节第一部分中曾涉及这方面的内容。我国西南地区的苗族和瑶族，就是通过女子或男子的服装颜色来体现本族所处的不同支系，如苗族中的青苗、白苗、黑苗、红苗、花苗等，瑶族中的红瑶、花瑶、白裤瑶等。

服装上的色彩有时也能象征一个国家和这个国家所处的时代。以16世纪的西班牙为例，那时西班牙有很强大的无敌舰队，经济非常繁荣。体现在服装上，仿佛也在夸耀着富有，贵妇人穿着高贵的天鹅绒服装，但服装线条坚硬，身体曲线完全被忽视，以暗色调做其特征。这是西班牙人在宗教上的严格象征，也可以解释成，是为了装饰富有的象征——宝石，故意选择暗色调服装。再如18世纪法国的贵妇人，服装上明显地暴露出洛可可时代的那种优美但却烦琐的贵族趣味。当时服装的色调多是彩度低、明度高的中间色，如鹅黄色、豆绿色、粉红色、月白色、浅紫色等。从服装上还可以看到利用花边丝带、人造花的装饰，层层的裙摆等，以增加罗曼蒂克的气氛。在我国，蓝色、灰色、绿色的列宁装和中山装，是新中国成立初期的象征。

另外，服装色彩还是着衣人性格的最好写照。以小说《红楼梦》为例，书中人物众多，上下几百号人，从皇妃亲王、公子小姐到丫鬟仆人，在曹雪芹笔下，可谓人各有性、体各有态、衣各有色。"斑竹一枝千滴泪"构成了林黛玉多愁善感、悲凉凄切的性格和气质，她的衣着清雅素淡，常以白色、月白色、绿色等基色象征其纯洁、冷寂、凄苦的身世和命运。柔和、甜美的粉红色，象征着薛宝钗八面玲珑、审慎处世的性格。王熙凤这个外貌美艳、穿着华丽、心狠手辣的荣国府内管家，攒珠嵌金、五色斑斓、彩绣辉煌成了她性格的象征。书中像这样的例子可以说是不胜枚举。

一些特殊职业的职业装色彩往往也带有很强的象征性，如象征和平使者的邮电通信部门的绿色服装（这种绿色是专门定染的）；还有联合国维持和平部队，也称"蓝盔"部队，蓝色的贝雷帽一方面象征着联合国国际组织（联合国国旗是蓝色的），另一方面"蓝盔"部队给失去和平的国家带去希望，又是和平的象征。即便是同一个颜色，在不同的服装款式、不同的用途、不要的国度中，所含有的意义和感情也是完全不同的，如白色的婚纱，象征着纯洁的爱情；白色医务服，象征着神圣的职责；白色的丧服，象征着哀伤与不祥（在我国白色与丧事有着习惯性的联系）。所以，服装色彩所体现的象征性，绝非是一个简单的内容，从大的民族、国家，到小的人物性格、地位和服装用途，只有从这许多方面去理解、去探寻，才能真正把握住服装色彩象征的内涵。

四、服装色彩的装饰性

装饰，是造型艺术中最一般的特征，也是最常用的创作手法。服装色彩所体现的装饰性包含着两层含义：一是指服装表面的装饰；二是指有目地装饰于人。第一层含义的装饰多以图案形式来表现（不仅指有形的、规则的图案，也包括简单的色条、色块等），加上附属的辅料、配饰，其装饰特征非常强烈。服装本身成为装饰的对象。由于这类服装的色彩效果本身具备了较完整的装饰性，无论是有花纹的面料，还是采用印、扎、绘、绣、镶、补等工艺手段构成的图案装饰，都使服装富有艺术气息。因此，一件衣服即便是没有人穿着，平面地放在那里，就外在的色彩、纹样和工艺来说，同样也具有欣赏价值。日本的和服就是个很好的说明。江户时代的妇女和现代的妇女同样穿着小袖形状的和服，可以看得出，从古到今和服的基本形态几乎没有什么变化，起变化的只是一种表面的装饰，是花纹和色调明显地划分了时代特征。当然，也不能完全忽视不同时期的不同人穿着服装的个性，但是花纹特有的色彩构成美先于着衣人的个性美。也就是说，面料要在着衣人之前完成，然后再让人选择。这种固定了的形式，只在表面进行变化的特征，可以说是和服的传统美。

中国古代的宫廷服装，以及近现代华丽的旗袍、晚礼服等，其色彩都具有浓厚的装饰性。从织锦缎、印花丝绸，到高超的刺绣、珠绣、盘金绣等手工艺中，很容易捕捉到一种独具风韵的、装饰意味十足的"中国风"。我国许多少数民族服装的色彩也非常具有装饰性，如贵州雷山县的苗族，广西龙胜地区的红瑶，河池地区的白裤瑶等。当然，这些表面看上去的色彩和图案，有时也不单为了装饰而装饰，它还记录着人们古老的故事，表达着人们美好的心愿，同时也是技术的表现、财富的象征。

从全球看，南半球的片状衣着（披裹型）大多注重面料本身的处理，如印度等国妇女的纱丽，经手绘花纹、木版印花、蜡染印花，加上植物纹样的应用，所呈现出的效果多为装饰趣味很浓的热带色彩气氛。另外，在现代服装中，运动装、生活装中的T恤、编织毛衣和可爱的童装，都是以色彩发挥着最强烈的装饰性效果，采用的手法多为印花、交织、镶拼和补贴。

服装色彩装饰性的第二层含义主要是围绕着人，着重服装色彩与着衣人的体态、内心（精神）以及与着衣环境的协调等，人成为装饰的对象。服装本身可能不存在外表华丽的图案，但用一两个色彩也能充分装点出一个人的气质和面貌。我们常常会发现：一个气度不凡的年轻女子，尽管穿着一身式样和色彩都很简单、灰暗的服装，但与人整体看是那样协调、完美。服装衬托着人、服务于人，服装真正成为人的装饰物。最后留给人的视觉印象是人，而不是单纯的服装。当然，并不是说装扮人就不需要美丽的图案。这里强调的是，人的装饰包括的面更广，也更内在。服装色彩的设计和选择应因不同的性格、不同的职业、不同的地位、不同的场合而有所区别。例如，参加私人聚会、友人婚宴等，要选择色泽艳丽、样式独特或表面带有一些装饰的服装来装点自己；参加办公会议或谈判，穿着一身合体、端庄、雅致的套服则显得更为合适。郭沫若先生曾经说过："衣裳是文化的表征，衣裳是思想的形象。"这句话也告诉我们，在注重服装外表美的同时，更应注重服装的内在美，学会用色彩来装扮自己、替自己说话，让服装色彩成为装饰自身、美化心灵、美化环境的有力武器。

五、服装色彩的机能性

服装上以实用目的为主的色彩处理方法，称为实用机能配色。职业装的色彩设计就属此类。职业装又称工作服，它除了劳动保护的功能外，还有着职业标识的作用。其中，色彩就占据着极其重要的位置。

不同款式、色彩的职业装，不但可以培养人的职业荣誉感，起到振奋精神的作用，而且也有利于工作。例如，当我们在大街上看见穿着橄榄绿色制服的武警时，心里自然会涌起一种威武、庄严的感觉；同样，警察一旦穿上了制服，那种自尊、自豪感和责任感就会油然而生，也便于他们行使职责。医护人员一般都是白色或柔和、浅色的服装，干净、卫生，易发现身上的脏污，给人一种可信的感觉。动手术的医师和助理们的大褂、口罩、帽子应为果绿色或浅蓝色，在红色紧张的气氛下能起到调节作用。工地上建筑工人的安全帽、公路上养路工人的马甲、海员海上的作业服等多采用醒目的橙色或黄色，以增加人的注目性。在现代化的高级宾馆中，服务人员数量多且分工细，只有从工作服的款式和颜色上将不同工种和职务加以区别，才能给宾馆管理和旅客带来方便。

从我国陆、海、空三军的军服颜色看，除了美观、庄重外，更重要的是军服在军事上有着特殊的功能。例如陆军的服装色彩，多为接近于草地和土地的绿色与大地色，以及多色迷彩伪装服，其目的可使军服色彩更接近于大自然的环境，在作战中更容易迷惑敌人的肉眼观察，从而起到有效隐蔽自己、保护自己的作用。例如空军的蓝色、海军的白色，其用色目的都在于此。

服装色彩所表现出的机能性越来越受到人们的注意，现在不只是大饭店、大商场有整齐、美观的职业装，就连中小型餐厅、酒吧等都以引人注意、给人明快感觉的工作服来烘托气氛、装点环境。另外，现在的中小学生基本上都有自己的校服，颜色一般多用简洁、素净的冷色调；教师的服装色彩则应稳重、大方。这种平和的色彩环境，对维持良好的课堂秩序、集中学生的注意力都起着极其重要的作用。总之，当一件服装的款式以某种机能作为成立条件时，色彩也将采用与之相适应的手段，使这些机能性更富有魅力地表现在服装上。

六、服装色彩的宗教性

宗教是一种社会意识形态，宗教不同也会体现在服装的款式、颜色上，就是信奉同一宗教的不同国家、不同地区以至于不同的教派也会出现偏差。据6世纪印度高僧真谛法师说，各派僧衣实际都是赤血色，仅有细微差别而已。现在缅甸、斯里兰卡、泰国、尼泊尔等国的僧服则都是黄色。我国僧人袈裟色按民族不同而有所差异。汉族的祖衣为赤色，五衣、七衣为黄色；蒙藏僧人着黄色大衣，平时穿近赤色中衣。明代皇帝曾规定：修禅僧人常服为茶褐色，讲经僧人为蓝色，律宗僧人为黑色。清代以后，官方则不再统一要求。

思考题

1.在众多的设计领域中，如何看待和理解服装中的色彩设计问题？服装色彩的独特性是什么？

2.在日趋全球化的今天，如何看待服装的民族性？中国人的着装有明显的色彩倾向吗？

3.在你的衣橱里，你的服装类别多吗？你怎样看待自己的服装用色？

基础理论

第二章　基于色彩基础原理的服装配色

课题名称：基于色彩基础原理的服装配色

课题内容：色彩的性质

色彩知觉

色彩心理

课题时间：12课时

教学目的：本章的学习是服装色彩设计的核心内容，通过对基础理论的逐一练习，进一步加深同学们对抽象的色彩概念在服装运用中的效果。

教学要求：1. 理解并掌握三属性概念以及三属性对比所形成的不同调子。

2. 运用色彩的表情意义、联想意义与象征意义表达服装。

课前准备：阅读色彩基础理论的书籍。

基于色彩基础原理的
服装配色

第一节　色彩的性质

一、色彩的产生

色彩的产生是一个由光照射物体，物体对光产生吸收或反射，反射的光刺激人眼，并通过视神经传递到大脑，最终产生对色彩的感受过程。在这一过程着，光、物、眼是三个基本因素。

1. 关于光

在物理学上，光是属于一定波长范围内的一种电磁辐射，它与宇宙射线、γ射线、X射线、紫外线、红外线、雷达、无线电波、交流电等并存于宇宙中。光用波长来表示。电磁辐射的波长范围很广，最短的如宇宙射线，最长的如交流电。在电磁辐射中只有从380～780nm波长的电磁辐射能够被人的视觉接受，此范围称为可见光（图2-1）。

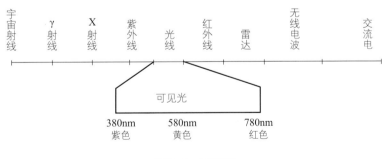

图2-1　可见光

对于波长是780nm的光线，人的感觉是红色，380nm的光线感觉是紫色，居中的580nm的光线感觉是黄光。波长大于780nm时是红外线，以及应用于收音机的无线电波；相反，小于380nm

时是紫外线，以及应用于医疗的X射线。波长和色彩的关系如下：

红色——780～610nm　　　绿色——570～500nm

橙色——610～590nm　　　蓝色——500～450nm

黄色——590～570nm　　　紫色——450～380nm

如果将一束白光（阳光）从细缝引入暗室，遇到三棱镜，光的传播方向即发生变化，这一现象称为折射。当折射的光碰到白色的屏幕时，在那里将显现出虹一样美丽的色带，称为光谱（图2-2）。光谱色以红色、橙色、黄色、绿色、蓝色、紫色的顺序排列着。如果将这个图像用聚光透镜加以聚合，这些色彩的汇集就会重新变成白色。

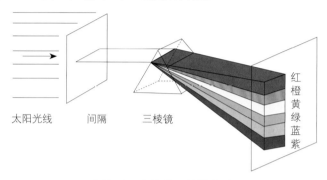

图2-2　牛顿的三棱镜实验

由此可见，阳光（白光）是由一组色光混合而成的，通过三棱镜时，各种色光由于折射率不同而使白光发生分解。色光对同一物体的折射率与其波长有关，如红光波长最长，但折射率最小，最接近直线传播；紫光则折射率最大。

2. 色彩的产生与感受

从以上描述，我们了解了光的现象，那么具体到某一物体色或颜料色又是怎样产生的呢？从光源发出的光若碰到不透明的物体或颜料，在那里一部分被吸收，剩下的部分反射到眼睛中，这就是我们看到的色彩。例如，蓝色是将白色光中的其他成分吸收，而不吸收蓝色光，所以呈现出蓝色；红色是因为吸收了光的其他所有色彩，而仅反映红色；黑色是将六种色光都吸收了，不反射光，呈现黑色；白色是平均反射六种色光，故而呈现白色。

如果在一个反射蓝色光的物体前放置一个滤色镜，设法将蓝光滤掉，则该物质不再反射任何光，变为黑色。同样，将一个白光下呈现绿色的物体移至仅有红灯的暗房中，因为红光不包含可反射的绿色，故该物体在暗房内变成黑色。从这个意义上讲，物体的色彩只是相对存在的，固有色是不存在的。

为什么在人们的意识中会产生固有色的概念呢？从色彩的角度看，物体都具有选择吸收光的能力，即它们固有某种反光能力。例如，树叶只反射绿色光，只要有绿光照来，它就将绿色光反射出来；在红色光下，因无绿色光可反射才显得发黑。当每天都有阳光照射时，它每天都将阳光中的绿色光反射出来，使我们觉得叶子天天都是绿色的。色彩只有在这类相对条件下才会保持不变。由此可以表明，物体固有色的概念来源于物体固有的某种反光能力以及外界条件的相对稳定，像人的皮肤色、头发色、颜料色、被油漆刷过的物体色等。使用这一概念可使我们日常生活中描述事物更为简洁、方便、生动。

二、色的属性

1. 有彩色与无彩色

色彩大致可划分为无彩色与有彩色两大类。黑色、白色、灰色属于无彩色，从物理学角度看，它们不包括在可见光谱中，不能称为色彩。但在心理学上它们持有完整的色彩性质，在色彩体系中扮演着重要角色。对于颜料，无彩色也具有重要的任务。当一种颜料混入白色后，会显得比较明亮；相反，混合黑色后则比较深暗；而加入黑色与白色混合灰色时，将失去原色彩的彩度。因此，黑色、白色、灰色不仅在心理上，而且在生理上、化学上都可称为色彩。

光谱中的全部色都属于有彩色。有彩色是无数的，它以红色、橙色、黄色、绿色、蓝色、紫色为基本色，基本色之间不同量的混合，以及基本色与黑色、白色、灰色之间不同量的混合，将产生出成千上万种有彩色。

2. 色的三属性

所谓色的三属性是指其明度、色相、彩度。它们是色彩中最重要的三个要素。三者之间既相互独立，又相互关联、相互制约。

（1）明度（Value）：简写为"V"，指色的明暗程度，也可称为色的亮度、深浅。若把无彩色系的黑色、白色作为两个极端，在中间根据明度的顺序，等间隔地排列若干个灰色，就成为有关明度阶段的系列，即明度系列。靠近白色一端为高明度色；靠近黑色一端为低明度色，中间部分为中明度色。

由于有彩色系中不同的色彩在可见光谱上的位置不同，所以被眼睛知觉的程度也不同。黄色处于可见光谱的中心位置，眼睛的知觉度高，色彩的明度也高。紫色处于可见光谱的边缘，知觉度低，故色彩的明度就低。橙色、绿色、红色、蓝色的明度居于黄色、紫色之间，这些色彩依次排列，很自然地显现出明度的秩序。当一种有彩色加白色时会提高它的明度，加黑色则会降低明度，所混出的各色可构成一个颜色的明度系列。

（2）色相（Hue）：简写为"H"，指色彩不同的相貌。不同波长的光波给人特定的感受是不同的，将这种感受赋予一个名称，有的称为红色，有的称黄色，就像每个人都有自己的名字一样。光谱色中的红色、橙色、黄色、绿色、蓝色、紫色为基本色相，而像玫红色、大红色、朱红色、橘红色则各代表一个特定的色相，它们之间的差别属色相差别。一个颜色加白色、加黑色后所形成的浅红色、深红色，属明度差别。色彩学家们把红色、橙色、黄色、绿色、蓝色、紫色等色相以环状排列形式体现，如果再加上光谱中没有的红紫色，则可以形成一个封闭的环状循环，构成色相环（亦称色轮）。色相环中要尽量把色相距离分割均等，一般可以在主要色相的基础上确定各中间色，可分别做成10色、12色、18色、24色色相环等。色相环一般均用纯色表示。

（3）彩度（Chroma）：简写为"C"，指波长的单纯程度，也就是色彩的鲜艳度，亦称艳度、纯度或饱和度。一个颜色掺进了其他成分，彩度将变低。凡有彩度的色必有相应的色相感，有彩度感的色都称为有彩色。有彩色的彩度划分方法如下：选出一个彩度较高的色相，如大红色，再找一个明度与之相等的中性灰色（灰色是由白色与黑色混合出来的），然后将大红色与灰色直接混合，混出从大红色到灰色的彩度依次递减的彩度序列，得出高彩度色、中彩度色、低彩度色。色彩中，红色、橙色、黄色、绿色、蓝色、紫色等基本色相的彩度最高。无彩色没有色相，故彩度为零。

除波长的单纯程度影响彩度之外，眼睛对不同波长的光辐射的敏感度也影响着色彩的彩度。视觉对红色光波的感觉最敏锐，因此彩度显得特别高；而对绿色光波的感觉相对迟钝，所以绿色的彩度就相对较低。值得强调的是：一个颜色的彩度高并不等于明度就高，即色相的彩度、明度不成正比。这是由有彩色视觉的生理条件所决定的。按照美国色彩学家孟塞尔（A.H.Munsell）色立体的规定，色相的明度、彩度关系如表2-1、图2-3所示。

表2-1　色相的明度、彩度关系

色相	明度	彩度
红色	4	14
黄红色	6	12
黄色	8	12
黄绿色	7	10
绿色	5	8
蓝绿色	5	6
蓝色	4	8
蓝紫色	3	12
紫色	4	12
红紫色	4	12

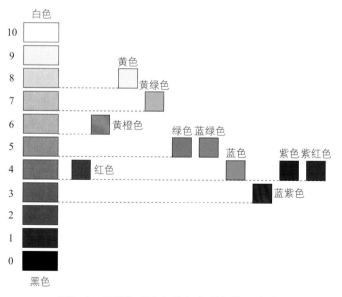

图2-3　无彩色明度色阶与有彩色的明度值

三、色的表达方式

色彩作为一种语言总是需要交流和传达的。如前所述，色的三要素是可以连续变化的，其细微变化可谓仅在毫发之间。一个具有正常色感的人在适当条件下可识别高达1000万种色彩。怎样区别而有效地传达这成千上万种色彩，使色彩运用起来更方便、更准确呢？这要看我们干什么，是普通的交谈、是文学中的修饰、还是设计中的色彩标准？这里，介绍三类不同的色彩表达方法："固有色"色名、一般色名和符号色名。它们各有千秋，在不同的场合发挥着各自的作用，它们是不可互代的。

1. "固有色"色名

"固有色"色名是指人们习惯使用的各种物体的固有色的色名，在有的书中被称作"惯用色名"。在色彩的实际运用中，这种方法最大众化，也最生动。有时抽象的符号表示虽然精确，但却很难给人留下对色彩的感性认识。假如采用传统的比较形象的语言文字来表示，如葡萄紫色、宝石蓝色等，一看色名，立刻就能反应和感受到此色的面貌，从而引发观者的共鸣与联想。这种生活给予的经验色和印象色非常富有人情味，即使对于色彩知识较少的非专业人员，理解起来也不至于出现大的偏差。如果大家关注流行色的话，从中会发现，在流行色的发布中，80%～90%的色名采用的都是"固有色"色名。这些色名可以分为以下几类。

（1）以动物色比喻的色名：肉粉红色、肤色、猩红色、鸡血红色、珊瑚红色、肉色、鹅黄色、蛙绿色、鹦鹉绿色、孔雀绿色、孔雀蓝色、驼色、鹿皮棕色、乳白色、象牙色、鱼肚白色、鼠灰色、珠母灰色、蟹壳灰色、企鹅灰色等。

（2）以植物色比喻的色名：凤仙粉色、海棠花红色、桃红色、玫瑰红色、石榴红色、辣椒红色、樱桃红色、小豆红色、枣红色、番茄红色、橘色、南瓜黄色、柠檬黄色、香蕉黄色、米黄色、杏黄色、葵黄色、藤黄色、姜黄色、槐黄色、枯草色、小麦色、秋香色、苹果绿色、芽黄绿色、嫩叶绿色、麦苗绿色、杨桃色、豌豆绿色、苦瓜绿色、草绿色、葱绿色、油绿色、橄榄绿色、苔色、茶色、竹青色、藕荷色、丁香色、紫罗兰色、薰衣草紫色、紫丁香紫色、茄紫色、洋葱紫色、葡萄紫色、牵牛紫色、梅紫色、咖啡色、棕色、树皮色、柚木色、花梨木色、木色、古藤色、蘑菇色、板栗色、肉桂褐色、罗汉果褐色、烟叶棕色、稻草色、亚麻色、桦木白色、米白色、米灰色、乌檀木黑色等。

（3）以大自然比喻的色名：土红色、曙红色、熔岩红色、泥土色、沙漠色、砂岩色、土黄色、天蓝色、水色、海蓝色、海洋绿色、湖蓝色、月白色、雪白色、雾灰色等。

（4）以金属、矿物色比喻的色名：铁锈红色、朱砂红色、熔岩红色、硫黄色、黄铜色、铬黄色、古铜色、青铜色、琥珀色、翡翠绿色、松石绿色、宝石蓝色、钻蓝色、石青色、紫晶色、金色、银色、水银色、银白色、铝白色、白玉色、铅色、铁灰色、煤黑色等。

（5）以食物色比喻的色名：蛋壳色、酱色、蛋黄色、干酪黄色、芥末绿色、蛋青色、豆沙色、奶咖色、奶油色等。

（6）以人造物体色比喻的色名：砖红色、胭脂色、酒红色、饼干色、牛皮纸色、巧克力色、军绿色、墨绿色、警蓝色、海军蓝色、玻璃色、石膏白色、法兰绒灰色、瓦灰色、混凝土灰色、沥青灰色、焦炭黑色、墨汁黑色等。

2. 一般色名

一般色名是指依照日本工业规格JISZ 8102制定的，由基本色名加上特定的修饰语组合而成的色名。有彩色的基本色名有：红色、橙色、黄色、黄绿色、绿色、蓝绿色、蓝色、蓝紫色、紫色、红紫色；无彩色的基本色名有：白色、明灰色、灰色、暗灰色、黑色。修饰语对于有彩色有：最淡的、亮灰的、灰色、暗灰色、最暗的、淡的、不强烈的（浊的）、暗的、鲜艳色、深的、鲜明色（纯的）。如表2-2所示，在它们后面附上色名可构成一个富有装饰意味的色名，如红色，可称为最淡的红色（亦可简化为淡红色、浅红色）、亮灰红色、灰红色……纯红色。像红味的、黄味的、绿味的……这些形容词对有彩色和无彩色都适用，如红味的紫色、黄味的绿色、蓝味的灰色、绿味的暗灰色等。

表2-2　关于明度和彩度的修饰语

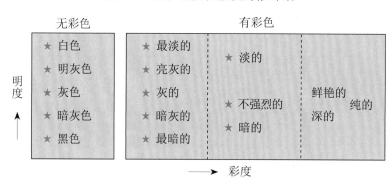

注　标有★者为通常所用，其他为必要时用。

一般色名将色彩系统地命名显得很方便，实际使用也很多，但要想表达得很精确是不大可能的，因为人与人对色的认识、印象都不尽相同。如果让两个人同画一个黄味的绿色，结果可能就会出现两个不同程度的黄绿色。

3. 符号色名（色立体）

此方法是依色立体的表色法来表示的，很定量，也很严谨。色立体指色彩按照三属性的关系，有秩序、有系统地排列与组合，所构成的具有三维立体的色彩体系。它可使我们更清楚、更标准地理解色彩，更确切地把握色彩的分类和组织，也是研究色彩调和的基础。

图2-4所示为一个色立体的示意图。以无彩色为中心轴，顶端为白，底端为黑，之间分布着不同明度渐次变化的灰色；色相环水平地包围着中轴，呈圆形；这上面的各色与无彩轴连接，表示彩度。靠近无彩色轴处彩度低，距无彩色轴越远彩度越高。由于各色相的彩度不相等，明度也不相等，它们相连接并非正圆形，所以此图只是一个示意图，便于理解。

若把色立体通过无彩轴纵切时，在此纵断面所表现的色相是互为补色的两个色相，外侧为清色，内侧为浊色。纵断面的上部分别排有高明度色，下部分别排有低明度色（图2-5）。若用垂直于中轴的平面横断的话，则表现为等明度面。

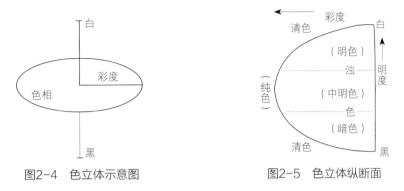

图2-4　色立体示意图　　　　　　　　　　图2-5　色立体纵断面

　　现在世界范围内用得较多的有4种色立体：美国孟塞尔色立体，德国奥斯特瓦尔德色立体，日本色研色立体，瑞典NCS自然色彩系统。其中孟塞尔色立体的表示方法更为科学、精确，使用起来也方便，便于理解，故有较强的实用价值。

　　孟塞尔色立体的色相环（图2-6）是以红色（R）、黄色（Y）、绿色（G）、蓝色（B）、紫色（P）5色相为基础，再加上它们的中间色黄红色（YR）、黄绿色（YG）、蓝绿色（BG）、蓝紫色（BP）、红紫色（RP），作为10个主要色相。每一种色相还可以细分为10等份，如此共得到100个色相。各色相的第5号，即5R、5RY、5Y等为该色相的代表色相。分置于直径两端的色相，呈现补色关系。

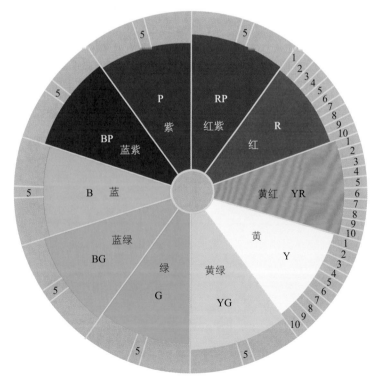

图2-6　孟塞尔色立体的色相环

孟塞尔色立体的中心轴，自白色到黑色分为11个阶段，白色定为10，黑色定为0，从9到1为灰色系列。明度用1/，2/，3/……的符号表示（图2-7）。

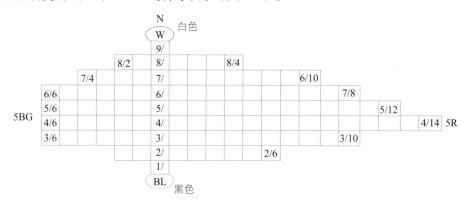

图2-7　孟塞尔色立体纵断面

彩度阶段以无彩色定为0，色度以等间隔增加，用/0，/1，/2……数字符号来表示，数字越增加越接近纯色。孟塞尔的10种主要色相中，以红色（5R）的彩度最高，彩度阶段有14个色；而蓝绿色的彩度阶段只有6个色。由于彩度阶段长短不一，其复杂的外形使人联想到树，故被称为色彩树（Color Tree）（图2-8）。

孟塞尔色立体的表示符号为HV/C（色相、明度/彩度），如"5R4/14"，

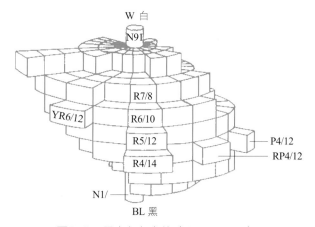

图2-8　孟塞尔色立体（Color Tree）

分别表示第5号红色相，明度位于中心轴第4阶段的水平线上，彩度位于距离中心轴第14阶段。孟塞尔色立体10个主要色相的纯色符号表示为：R4/14（红色）、YR6/12（黄红色）、Y8/12（黄色）、GY7/10（黄绿色）、G5/8（绿色）、BG5/6（蓝绿色）、B4/8（蓝色）、PB3/12（蓝紫色）、P4/12（紫色）、RP4/12（红紫色）。

四、色的混合

两种或两种以上的颜色混合在一起，构成与原色不同的新色的方法称为色彩混合。我们将其归纳为三大类：加色混合、减色混合、中性混合。

1. 加色混合

加色混合也称色光混合，即将不同光源的辐射光投照到一起，合照出的新色光。其特点是

把所混合的各种色的明度相加，混合的成分越多，混合的明度就越高。将朱红色、翠绿色、蓝紫色三种色光做适当比例的混合，大体上可以得到全部的色。而这三种色是其他色光无法混得出来的，所以被称为色光的三原色。朱红色和翠绿色混合成黄色，翠绿色与蓝紫色混合成蓝绿色，蓝紫色与朱红色混合成紫色。混合得出的黄色、蓝绿色、紫色为色光的三间色，它们再混合成白色光（图2-9）。当不同色相的两色光相混成白色光时，相混合的双方可称为互补色光。

加色混合一般用于舞台照明和摄影工作方面。

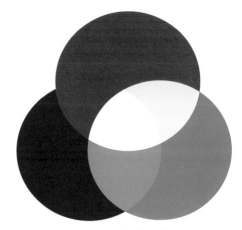

图2-9　加色混合

2. 减色混合

减色混合通常指物质的、吸收性色彩的混合。其特点正好与加色混合相反，混合后的色彩在明度、彩度上较之最初的任何一色都有所下降，混合的成分越多，混色就越暗、越浊。减色混合分颜料混合和叠色两种。

（1）颜料混合：将物体色品红色、柠檬黄色、蓝绿色三色做适当比例的混合，可以得到很多色。而这三种色是其他色混合不出来的，所以被称为物体色的三原色。橙色、黄绿色、紫色是物体色的三间色，它们再混合则成灰黑色（图2-10）。当两种色彩混合产生出灰色时，这两种色彩互为补色关系。平时使用的颜料、染料、涂料的混色都属减色混合。在绘画、设计上或日常生活中碰到这类混合的机会比较多。

在此我们可看到一个有趣的巧合现象，那就是色光的三原色正好相当于物体色的三间色，而物体色的三原色又相当于色光的三间色。

（2）叠色：指当透明物叠置时所得出新色的方法。特点是透明物每重叠一次，透明度就会下降一

图2-10　减色混合

些，透过的光量会随之减少，叠出新色的明度也肯定降低。所得新色的色相介于相叠色之间，彩度有所下降。双方色相差别越大，彩度下降越多。但完全相同的色彩相叠，叠出色的彩度还有可能提高。

值得注意的是：两色相叠，必分底与面（或前与后），所得的新色相更接近于面色，并非两色的中间值。面色的透明度越差，这种倾向越明显。

3. 中性混合

中性混合包括旋转混合与空间混合两种。中性混合属色光混合的一种，色相的变化同样是

加色混合；彩度有所下降；明度不像加色混合那样越混越亮，也不像减色混合越混越暗，而是被混合色的平均明度。因此称为中性混合。

（1）旋转混合：在圆形转盘上贴上几块色纸并使之快速回转，即可产生色混合现象，我们称之为旋转混合。例如，旋转红色和绿色的色纸，可以看到黄色。

（2）空间混合：将两种或两种以上的颜色并置在一起，通过一定的空间距离，在人视觉内达成的混合，称为空间混合，又称并置混合。这种混合与前两种混合的不同点在于其颜色本身并没有真正混合，但它必须借助一定的空间距离。

空间混合因是在人的视觉内完成，故也叫视觉调和。这种依视觉与空间距离造成的混合，能给人带来一定光刺激量的增加。因此，它与减色混合相比，明度显得要高，色彩显得丰富，效果明亮，更闪耀，有一种空间的流动感。例如，大红色与翠绿色颜料直接相混，得出黑灰色，而用空间混合法可获得一种中灰色；大红色与湖蓝色颜料混合得深灰紫色，用空间混合法则获得浅紫色。法国后期印象派画家的点彩风格，就是在色彩科学的启发下，以纯色小点并置的空间混合手法来表现，从而获得了一种新的视觉效果。

空间混合的效果取决于两个方面：一是色形状的肌理，即用来并置的基本形，如小色点（圆或方）、色线、网格、不规则形等。这种排列越有序，形越细、越小，混合的效果越单纯、越安静。否则，混合色会杂乱、眩目，没有形象感。二是观者距离的远近，同是一个物体，近看形象清晰，层次分明；远看往往是个大感觉，明暗处于一种中性状态。空间混合方法制作的画面，近看可能什么也不是，而在特定的距离以外才能获得清晰的视觉。用不同色经纬交织的面料也属并置混合，其远看有一种明度增加的混色效果。印刷上的网点制版印刷，用的也是此原理。

第二节　色彩知觉

一、色彩的几种知觉现象

1. 色的适应

当一块鲜艳的颜色刚被看到时会很夺目、刺眼，但很快就觉得暗淡了，这种视觉对色彩的习惯过程称为色适应。与色适应相类似的视觉适应现象还有明适应与暗适应。

2. 色的恒常性

色彩的恒常性是指人们头脑中旧经验对事物所形成的固有印象。例如一件白色的睡衣，无论是在红色光线、还是黄色光线下，通常都被知觉为白色。同样，一面鲜艳的红旗尽管是在阴雨天，也很容易被知觉为红色。这是由于一旦某物的色彩被认可，即使客观条件有所变化，而相应的知觉却恒常不变。

3. 色的同化

有时，在一些色彩组合中，色与色之间不但不使对比加强，反而会在某色的诱导下向着统一方向靠拢，这种现象称为色彩的同化效果。例如将橘红色与橘黄色并置，其中黄色成分被同化，而各自较弱的红也被同化，两个色就显得比原来灰暗些。再如一块衣料，蓝色的底子上布满了白色小点，蓝色与白色产生了同化现象，使原有蓝色的明度看起来明显偏高。

要强调的是，色的同化一定要有其产生的客观条件，如各个色彩具有共同因素，色面积的大小相近，形的集中与分散适宜等。

4. 色的易见度

一般来说，色彩的属性差越大，越引人注目，尤其明度差是决定辨识度的最主要因素。如在制作标牌、广告时，图形色与底色是两个不同的色相，但明度近似，那么形象肯定是模糊的。相反，即使它们的色相一致，但明度变化很强烈，那么视觉的易见度也是高的。

5. 色的错觉

一般表现为边缘错视和包围错视两个方面。当错视出现在对比色交界线的两侧时，称为边缘错视。包围错视也可称全面错视，指在同样光照下反射同样光的物体，因对比的作用常常会使我们全面改变对比色光的感觉。包围错视比边缘错视带来的错觉更强烈，也更重要。

错觉是由于人的生理构造决定的，并非人的主观意识所决定。错觉的强弱与观者的距离、色本身的对比强度、色间交界线的清晰度、色面积的大小等有关。掌握了色的错觉，才能有效地控制它，给配色带来主动。

二、色彩对比

1. 对色彩对比的认识

前一节已谈到，人在知觉的过程中常会"上当"，换句话说，我们似乎很难认识一个颜色的物理真实面貌。因为任何颜色都不可能孤立地存在，它们都是从整体中显现出来的；而我们的知觉也不可能单独地去感受某一种颜色，总是在大的整体中去感受各个部分。更进一步讲，对一块颜色的认识，总与它存在的环境有关。

色彩对比指当两种或两种以上的颜色放在一起时，由于相互影响的作用显示出差别的现象。在我们的视觉中，任何色都是在对比的状态下存在，或者是相对条件下存在。例如画色彩写生，初学者往往出现这样的问题：调色板上的颜色似乎调准了，可是涂到画面上又觉得不"准"，有的学生甚至每调一笔就走到对象前面对比一下，但结果还是和感觉中的对象色彩不一样。其原因在于对象、调色板、画面分别处于不同的色彩环境中，同样一个色在不同的地方会得到不同是视觉效果。所以，在观察色彩时，应该关注的是客观物象之间的对比关系，只要画面的总体感觉"对"了，则颜色也就"准"了。反之，总的感觉不"准"，即使个别颜色与对象完全一样，也不可能有"准"的感觉。由此可以看出，对比的存在对于视觉是绝对的，对于对比的效果则是相对的。研究对比的规律，就等于研究视觉的基本规律。

2. 同时对比与连续对比

（1）同时对比：将色彩的对比从时间上加以区分，同一时间、同一视域、同一条件、同一范畴内眼睛所看到的对比现象，称为同时对比。同时对比带来的知觉现象是由人的视觉生理平衡引起的。人类的眼睛有对色彩自动调节的功能，即人的眼睛对任何一种特定的颜色都同时要求看到它的相对补色。只有在这种互补关系建立时，我们的视觉才会满足和趋向平衡。如果这个补色还未出现，眼睛会自动地将它产生出来。这种色彩效果实际上只是作为一种知觉假象出现的而非客观存在的事实。它只发生于眼睛之中。

（2）连续对比：指先后看到的对比现象，也称视觉残像。残像又可分正残像和负残像两种。正残像指当强烈的刺激消失后，在极短时间内眼中的现象还会停留，它是与刺激色相同的一种色的持续。例如注视一个红色，当把红色拿走时，其兴奋状态还会在眼中保留片刻，使此时看到的其他色都多少反射了一点红色光。负残像产生在正残像之后，当强刺激引起视觉疲劳时，眼中则会出现一种与原色相反的色光。例如，朝天看太阳，过会儿再看地下时则会出现无数黑点；另外，对黑纸上的绿色圆形注视一会儿，再转眼看白纸，白纸上就会清楚地现出红色圆形。大家可以用任何色彩来重复这种试验，而产生的视觉残像总是它的相对补色。

与同时对比原理相同，连续对比中的视觉残像也是由生理平衡造成的。长时间观察一种色，眼睛就会因太刺激或太乏味，有不平衡之感，这时人的自我调节、自我平衡的本能就显现出来了。人们寻找这种平衡一般从三个角度：寻求相对补色，寻求全色相，寻求中性灰色。只有视觉达到了平衡，眼睛才能减轻疲劳。国外许多医院的手术室都选用绿色为环境色，医务人员的服装也是绿色的，从连续对比的视觉规律看这是非常科学的。在现代设计的其他领域中，如电影、电视、广告、标志、体育用品（如橘色乒乓球与蓝色球案）、室内装饰等，都大量运用连续对比来加强对于视觉传达的印象或减少视觉疲劳。

从以上诸多例子中都可以看出，不管是同时对比还是连续对比，都有可能产生一种错觉。连续对比所造成的错觉是可以消除的，而同时对比造成的错觉是不可能消除的，也是无法改正的。

3. 色彩三属性对比

（1）明度对比：指将不同明度的两色并列在一起，明的更明、暗的更暗的现象。明度对比效果是由于同时对比性错觉导致的。明度的差别可能是一色的明暗对比，也可能是多彩色的明暗对比。人眼对明度的对比最敏感，明度对比对视觉的影响力也最大、最基本。黑、白、灰决定着画面的基调，它们之间不同量、不同程度的对比具有能够创造多种色调的可能性。而色调本身又具有很强的塑造力，如空间感、光感、层次感、清晰感等。因此，在色彩对比中，首先理解和掌握明度的黑、白、灰关系是至关重要的。

① 无彩色系的明度调子：以黑、白、灰系列的9个明度阶梯为基本标准来进行明度对比强弱的划分。如图2-11所示，靠近白色的3级称高调色，靠近黑色的3级称低调色，中间3级称中调色。色彩间明度差别的大小决定着明度对比的强弱。3个阶梯以内的对比为明度弱对比，又称短调对比；5个阶梯以外的对比称明度强对比，又称长调对比；3个阶梯以外，5个阶梯以内的对比称明度中对比，又称中调对比。

在明度对比中，如果其中面积最大、作用最强的色彩或色组属高调色，色的对比属长调，那么整组对比就称为高长调。如果画面主要的色彩属中调色，色的对比属短调，那么整组对比就称为中短调。按这种方法，大体可划分为10种明度调子：高长调、高中调、高短调、中长调、中中调、中短调、低长调、低中调、低短调、最长调。第一个字都代表着画面中主要的色或色组（图2-12）。

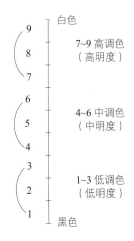

图2-11　明度对比强弱的划分

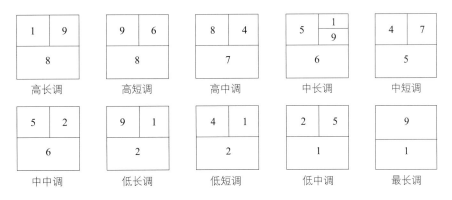

图2-12　无彩色系的明度调子

② 有彩色系的明度调子：明度对比不仅指无彩色系的黑色、白色、灰色，它更多地存在于有彩色系中。在光谱色中，黄色最亮，紫色最暗，橙色、绿色、红色、蓝色处于中间。如在一个高调画面中选用紫色，就只能将它加入大量的白，使明度提高；将黄色变为低调色则要加黑或其他深色。事实上，任何颜色都只有在它原有明度的基础上，才能发挥出最佳效果，如红色在中等偏低明度中显示的力量最强。这样，在保持明度调子和谐的同时，要特别关注色彩的彩度和色相倾向。短调对比的明度差不宜过小，在弱对比中寻求色相、彩度上的变化；低调色组要注意加强色彩的鲜艳度，不然很难改变画面的沉闷感；长调对比由于本身的明度反差大，要尽量保持色相调子的稳定。总之，有彩色系的明度调子较之无彩色的明度调子更为复杂，它不单是明度的考虑，而是三属性的综合运用。

以无彩色系的明度调子为理论基础来理解生活中的有彩世界。高长调图2-13（c）以高调色为主，配以明暗反差大的低调色，形成高调的强对比效果。它清晰、明快、活泼、积极，富有一定的刺激性，如白色与黑色、月白色与深蓝色、浅米色与深棕色、粉橙色与深灰色。此调比较适宜于礼服与正装。高中调［图2-14（b）］：以高调色为主，配上不强也不弱的中明度色彩，形成高调的中对比效果。其自然、明确的色彩关系多用于日常装中，如浅米色与中驼色、白色与大红色、浅紫色与中灰紫色。高短调（图2-15）：以明亮的色彩为主，采用与之稍有变化的色进行对比，形成高调的弱对比效果。它轻柔、优雅，常被认为是富有女性意味的色调，如浅淡的粉红色、明亮的灰色与乳白色、米色与浅驼色、白色与淡黄色等。高短调适合于轻盈的女装及男夏装。中长调：以中调色为主，采用高调色与低调色并与之对比，形成中调的强对比效果。它丰富、充实、强壮且有力，常被认为是男性色调，如大面积中灰色与小面积的白色、黑色，金褐色与深褐色，牛仔蓝与白色。中中调［图2-13（a）］：属不强也不弱的中调中对比，有丰富、饱满的感觉。因为此调比较适中，服装中出现的也较多。中短调：以中调色为主，采用稍有变化的色与之对比，形成中调的弱对比效果。中短调含蓄、朦胧、恬静，如灰绿色与洋红色、中灰色与灰蓝色。低长调：以低调色为主，采用反差大的高调色与之对比，形成低调的强对比效果。此调显得压抑、深沉、刺激性强，有种爆发性的感动力，如深灰色与淡黄色、深棕色与米黄色。多用于礼服和正装的配色。低中调［图2-13（b）］：以低调色为主，配上不强也不弱的中明度色彩，形成低调的中对比效果。它庄重、强劲，多适合男装和女秋冬装的配色，如深灰色与大红色、深紫色与钴蓝色、橄榄绿色与金褐色。低短调［图2-14（a）、图2-16］：以低调色为主，采用与之接近的色对比，形成低调的弱对比效果。它沉着、朴素，并带有几分忧郁，如深灰色与枣色、橄榄绿色与暗褐色。冬天的男装多采用这种调子，显得稳重、雄大。最长调（图2-17）：指黑、白色各占二分之一的对比关系。此调对于短款的女夏装及充满前卫感的服装都较为适合。

（a）中中调　　　　　（b）低中调　　　　　（c）高长调

图2-13　明度对比（毛天骅-2009级）

高短调

图2-15　明度对比（韩婷-2010级）

（a）低短调　　　　　　　　　　　（b）高中调

图2-14　明度对比（李聪颖-2010级）

低短调

图2-16　明度调子（熊怡-1992级）

（2）色相对比：指将色相环上的任意两色或三色并置在一起，因它们的差别而形成的色彩对比现象。色相对比是给人带来色彩知觉的重要方面，不同程度的色相对比，有利于人们识别不同程度的色相差异，增加视觉的判断力；同时，也可以丰富色彩感受，满足人们对色相感的不同要求。

色相对比的强弱决定于色相在色相环上的位置（图2-18）。从色环上看，任何一个色相都可以自我为主，组成同类、类似、邻近、对比和互补色相的对比关系。同类色相对比：指色相距离15°以内的对比，是色相中最弱的对比。由于对比的两色相距太近，色相模糊，一般被看作是同一色相里的不同明度与彩度的色彩对比，如深蓝色与浅蓝色、艳红色与灰红色。此调由于不含其他色相的关系，自然会产生一种调和、雅致的感觉，是服装的主要配色手段（图2-19）。类似色相对比：指色相距离30°左右的对比，是色相中较弱的对比。这一色相对比类型也可以理解为红、橙、黄、绿、蓝、紫六个基本色相中一个色相间的冷暖对比关系，如草绿色与翠绿色，湖蓝色、钴蓝色与群青色。此对比的特点仍然是统一、和谐，比同类色相对比的效果要丰富得多（图2-20）。邻近色相对比：指色相距离60°左右、90°以内的对比，属色相的中对比。这一色相对比类型也可以被理解为红、橙、黄、绿、蓝、紫六个基本色相中相邻两色间的对比关系，如红色与橙色、橙色与黄色、黄色与绿色。此类型的对比效果较前两种对比有所加强，配色效果显得丰满、活泼，既保持了

图2-17　明度对比：最长调（邓悦欢-2010级）

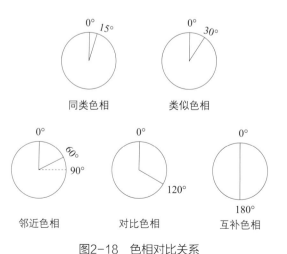

图2-18　色相对比关系

图2-19　色相对比：同类色（陈君峯-1992级）

画面统一的优点,又克服了视觉不满足的缺点。服装设计和室内设计常常采用这种配色手法（图2-21）。对比色相对比:亦称大跨度色域对比,指色相距离120°左右的对比关系,属色相的中强对比。这一色相对比类型也可以被理解为红、橙、黄、绿、蓝、紫六个基本色相中每间隔一个色相间的对比关系,如红色与黄色;黄色与蓝色;橙色与绿色。这种对比有着鲜明的色相感,对比效果生动活泼、强烈而饱满（图2-22、图2-23）。互补色相对比:指色相距离180°的对比,是色相中最强的对比关系,是色相对比的极致。它适于较远距离的设计,使你在短短的时间内获得一种色彩印象,如街头广告、标志、橱窗、商品包装等。互补色在色相对比中最难处理,它需要较高的色彩搭配技能（图2-24）。

正如黑色与白色是明度对比的两个极端那样,红色、黄色、蓝色是色相对比的极端。

图2-20　色相对比:类似色（张航-1992级）

图2-21　色相对比:邻近色（孙云-1993级）

图2-22　色相对比:对比色（张佳宁-1998级）

图2-23　色相对比：对比色

（芦子微-2009级）

图2-24　色相对比：互补色

（崔苗-2005级）

红、黄、蓝三原色和橙、绿、紫三间色组成的互补关系，构成了补色对比的三个极端，也可被理解为是有彩色对比的三个终极：黄色、紫色是明度对比的极端，红色、绿色是彩度对比的极端，橙色、蓝色是冷暖对比的极端。

色相对比有着较为直接的对比效果，因为它是由一些未经掺和的色彩以其最强烈的明度来表示的。当明度、彩度有了变化时，色相对比就会具有丰富的、全新的表现价值。通过黑色和白色的分隔，可使色相原有的个性特征表现得更为鲜明突出。另外，对比中的面积比例、形状大小以及聚与散的组合是无穷多的，所以相应的表现潜力也是无穷的。

（3）彩度对比：指将不同彩度的两色并列在一起，因彩度差而形成鲜的更鲜、浊的更浊的色彩对比现象。彩度对比较之明度对比、色相对比更柔和、更含蓄，其特点是增强用色的鲜艳感，即增强色相的明确性。彩度对比的强弱取决于对比色彩间彩度差的大小。例如红色与蓝绿色色相（图2-25），红色的彩度值为14，将它们划分为3段，靠近中轴的段内称低彩度色，纯色所在段内称高彩度色，中间部分称中彩度色。相差10个阶段以上的彩度对比应称为彩度强对比，差4个阶段以下的称彩度弱对比，差6～7个阶段的称彩度中对比。而蓝绿色相的彩度值仅为6，同样划分为3段，差4个阶段以上的彩度对比就应称彩度强对比，差2～3个阶段的称彩度中对比，差1个阶段的称彩度弱对比。其他色相的彩度对比关系可依此类推。

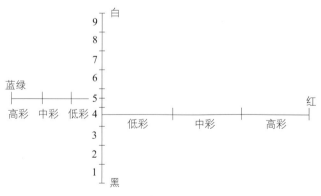

图2-25　彩度对比强弱的划分

彩度对比中，如果画面占大面积的色是高彩度色，对比的另一色属低彩度色，那么将形成鲜艳的强对比效果，即鲜强对比。用这种方法大体可划分为7种彩度调子：鲜强对比、鲜弱对比、中强对比、中弱对比、浊强对比（图2-26）、浊弱对比［图2-27（b）］、最强对比。彩度较高的颜色还可以分得更细，如鲜中对比［图2-27（a）］、中中对比、浊中对比（图2-28）。

4. 色彩对比的相关要素

色彩总是通过一定的形状、面积、位置和肌理表现出来。因此，研究色彩对比，就一定离不开与之相关的这些要素。

（1）面积与色。

① 面积对比的规律：面积对比指两个或两个以上的色块相对比的面积比例关系，即色

图2-26　彩度对比：浊强对比

（金雷婷-2008级）

（a）鲜中对比　　　（b）浊弱对比

图2-27　彩度对比（吴栩茵-2005级）

图2-28　彩度对比：浊中对比

（陈君峯-1992级）

面积的大小。面积的大小对色彩对比的影响力最大。如图2-29所示，四张图中对比的两色均为对比色，对比双方的面积之和不变，图（a）和图（d）中有一色面积较大，对另一小面积的颜色起到烘托或融合的作用，对比效果是弱的；图（b）和图（c）中的两色面积相差不多，对比效果相对强烈。因此可以说：对比色彩的双方面积相当时，互相之间产生抗衡，对比效果强，也称抗衡调和法。当面积大小悬殊时，则产生烘托、强调的效果，也称优势调和法。另外，同一色彩的面积大往往比面积小的感觉明亮，画出的点、线看起来也比面的明度低。

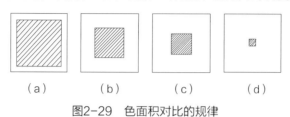

（a）　　　　　（b）　　　　　（c）　　　　　（d）

图2-29　色面积对比的规律

② 色面积与平衡：以纯色的色面积为例。纯色色彩的力量均衡取决于两种因素，即明度和色面积。歌德根据颜色的光亮度定出了纯色明度的数比。

黄：橙：红：紫：蓝：绿 = 9：8：6：3：4：6

那么，为保持色量的均衡，上述色彩的面积比应与明度比成反比关系。例如，黄色较紫色明度高3倍，为取得和谐色域，黄色只要有紫色面积的三分之一即可。具体数量关系如表2-3所示。

表2-3　色量均衡关系

项目	黄	橙	红	紫	蓝	棕
明度	9	8	6	3	4	6
面积	3	4	6	9	8	6

以上这些均衡的面积比仅就纯色而言，若是改变了其中任何一色的彩度，那平衡的面积比也会随之改变。需要指出的是，纯色和谐的比率关系只能作为选色的基点，因为大量的配色效果并不只是考虑纯色的应用。

（2）形状与色。形状是色彩存在的形象要素之一。在图2-30中，每个方形中的两色面积均是相等的，形状由集中到分散逐渐分割，尽管画面总的色量没变，但对比的效果却大有不同。由此可以看出，形状会影响色对比的强弱。形状越完整、越单一，外轮廓越简单，对比效果越强；形状分散，外轮廓复杂，对比效果则相对减弱，接近中间混合。通常个体的形单纯，组合后的形也相对单纯，加上单纯的色，形成对比的最强效果。外形简单，用复杂的颜色会削弱对比效果，但可使画面显得丰富；复杂的形忌用复杂的色，否则会显得过于杂乱无章，呈现零对比效果。

（3）位置与色。通常对比色彩的位置关系可分为上下、左右、远离、邻近、接触、切入、包围等。从图2-31中可以看出，在保持双方色彩各因素不变的情况下，位置远时对比弱，接触时对比强，切入时更强些，一色包围一色时最强。

图2-30　形状与色

（4）肌理与色。肌理指形象表面之纹理。一般质地光滑的表面反光强，反射一致，色彩会随着光的变化而显得不稳定，使色彩显得比实际明度或高或低，如玻璃制品、金属、绸缎等。相反，表面粗糙的质地反光弱，反射不一致（表面凹凸不平），使色彩看上去比原有明度稍暗，如毛衣、粗花呢等。而那些光洁度很强的表面，看到更多的是光源的反射色，其自身的颜色显示得差。

图2-31　位置与色

理解肌理与色彩的关系，有助于我们更好地选择、表现和创造不同的带有肌理感的视觉效果。在一张服装设计图中，如果只标明用某种颜色的面料是远远不够的，必须写明是纱、是绸还是毛呢，这样，才能更准确地传达出设计意图。

色彩表现中的肌理效果可用不同的颜料（水粉、油画色、透明水色、丙烯、油漆等）、不同的工具（毛笔、钢笔、喷笔、油画棒、派克笔、丝网、木板等）和不同的技术手段来达到。美妙的肌理经常会在有意和无意中诞生。

有关服装面料的质地问题请参阅第四章第一节"服装色彩与材料"。

第三节　色彩心理

心理是人内心活动的一个复杂过程，它由各种不同的形态所组成，如感觉、知觉、思维、情绪、联想等。视觉只是听觉、味觉、嗅觉、触觉等感觉的一种。因此，当视觉形态的形和色作用于心理时，并非对某物或某色个别属性的反映，而是一种综合的、整体的心理反应。此外，由于每个人都有着自己的生活经历和文化背景，所以人与人的心理状态以及对色彩的感知力又是各不相同的。总之，通过对色彩心理的研究，我们对色彩的认识就不能仅仅停留在表面，而是要更深入地去掌握它、享受它和创造它。

一、色彩的直感性心理效应

1. 色性

色性是指某一个单独颜色的色性。这里主要讲解有彩色系中的红、橙、黄、绿、蓝、紫几个基本色相和无彩色系中的黑、白、灰的色性。

（1）红色：在可见光谱中红色的光波长最长，折射角度小，但穿透力强，对视觉的影响力最大。红色首先使人联想到太阳、火焰、血液、红花、红旗等，其个性强，具有号召性，象征着革命，表现出一种积极向上的情绪。纯红色使人感到兴奋、炎热、热情、健康、充实、饱满，有种挑战的意味。当红色变为深红色或带有紫色倾向的红时，会形成稳重的、庄严的色彩，如舞台的幕布、会客厅的地毯和背景等。如果变为粉红色，则暗示着使用者的性格温柔、多情且心情轻松、愉快，属年轻人的色彩。

在搭配关系中，强烈的红色适合黑、白和不同深浅的灰色相搭配；与适当比例的绿色组合显得富有生气，充满浓郁的民族气息；与蓝色配合会显得稳静、有秩序。

（2）橙色：橙色的波长在红色与黄色之间，具有红与黄之间的性质，它的明度仅次于黄色，强度仅次于红色，是色彩中最响亮、最温暖的颜色。橙色使人感到饱满、成熟，富有很强的食欲感，在食品包装中被广泛应用。橙色是灯光、阳光、鲜花的颜色，因而又具有华丽、温暖、愉快、幸福、辉煌等特征。橙色极富南国情调，在气候较热的东南亚地区，人们的肤色普遍偏黄偏黑，用明亮的橙色服装相衬托，有明朗、强烈、生机盎然之感。橙色的注目性也很强，常被用作安全帽色、雨衣色等。

（3）黄色：黄色的波长适中，是所有色相中最能发光的色，有轻快、透明、辉煌的色彩印象。由于此色过于明亮，性格非常不稳定，容易发生偏差，稍微一碰其他颜色，就会失去本来的面貌。黄色极易映入眼帘，通常用在小商品包装、职业服装上，如安全帽、养路工的马甲等，有表示紧急和安全的意义。

（4）绿色：绿色的波长居中，是人眼最适应的色光。绿色的明度稍高于红色，彩度比较低，属中性色。绿色是大自然的色彩，其性格温和，表现价值是丰富的、充实的，转调的领域也非常宽，有着广泛的适用性。嫩绿色、草绿色象征着生命和希望；中绿色、翠绿色象征着盛夏、兴旺；孔雀绿色华丽、清新；深绿色是森林的色彩，显得稳重；蓝绿色给人以平静、冷淡的感觉；青苔色或橄榄绿色显得比较深沉，使人满足。

绿色是一种间色，它与黄色和蓝色相配都能取得协调的效果。绿色又是花朵的背景色，所以它和粉红色及红色在一起会有相当好的对比效果。切记：绿色太容易被人们接受，用得不好会感平庸、俗气。

（5）蓝色：蓝色的波长较短，折射角度大。它是天空、海洋、湖泊、远山的颜色，有透明、清凉、冷漠、流动、深远和充满希望的感觉，也是色彩中最冷的颜色。它与橙色的积极性形成了鲜明的对比，有消极、收缩、内在、理智的色彩感觉。

蓝色的性格也具有较宽的变调可能性。深蓝色在服装色中有着最广泛的适用范围，无论年龄大小，它几乎适合所有人。其原因是蓝色近似黑色，明度低，易与其他色彩的性格相协调，但又不像黑色的性格那样平直，色间包含一定的色味。蓝色还给人以极强的现代感及具有高度科技感的印象。

（6）紫色：紫色光的波长最短，是色相中最暗的色。它所造成的视觉分辨力特别差，其色性很不稳定。紫色代表高贵、庄重、奢华的性格特征，同时还有一种神秘感。彩度高的紫色易令人产生恐怖感；灰暗的紫色有痛苦、疾病、哀伤感；淡紫色、浅藕荷色、玫瑰紫色、浅青莲色等一些明度偏高、彩度较低的紫色则成为高雅、沉着的色彩。它们性情温和、柔美，但又不失活泼、娇艳，易与其他颜色取得协调，是女性色彩的代表。

（7）白色：白色是全部可见光均匀混合而成的，称为全色光。白色在心理上能形成明亮、纯净、清白、扩张之感。在我国传统意识中，白色被当作哀悼的颜色。在西方国家，白色则是新娘新婚礼服的色彩，象征着爱情的纯洁与坚贞。我国少数民族的回族、朝鲜族、傣族也有用白色的习惯，如白衣服、白帽子、白头巾以及白腰带等。

在实际应用中，沉闷的颜色一旦加上白色马上就会明亮起来，深色加白色也会出现明度上的节奏。从对比角度讲，白色能使与它相邻接的明色多少变得有些暗色感。若白色面积过大，会过于炫目，给人一种冲击感。

（8）黑色：黑色完全不反射光线，在心理上容易联想到黑暗、悲哀，给人一种沉静、神秘的气氛感。由于黑色在视觉上是一种消极的色彩，长久以来多与死或不吉祥联系紧密。黑色一般是老年人的色彩，但现在也被年轻人所接受，黑色的服饰能带给人一种冷艳之美。

黑色可与其他漂亮的颜色相媲美，它与各色相配时都处于配角地位，使其他颜色看起来都比它明亮、色彩饱和度高。如与不同明度的色彩相配合，黑色则能为整体配色增加节奏感。但若扩大黑色的使用面积，则会减少魅力，增加阴沉与恐怖感。

（9）灰色：灰色居于白与黑之间，完全是中性的，缺少严密独立的色彩特征，是一个彻底的被动色彩。视觉以及心理对它的反映是平稳、乏味、朴素、无趣，即不强调，亦不抑制。灰色作为背景色最为理想，因为它不会影响到邻近的任何一种色。

灰色能起到调和各种色相的作用，是设计和绘画中重要的配色元素。浅灰色与白色相接近，深灰色与黑色相接近。为了充分利用灰色中性化的气氛感，通常要多多少少使灰色带有一些色相，如灰蓝、灰红、灰黄等，这些带有各种色彩倾向的灰色是非常丰富的，易与其他色相配。

黑、白、灰在色调组合中是不可缺少的，它们的应用相当普遍，是达到色彩和谐的最佳"调和剂"。可以说，黑、白、灰三色永不会被流行所淘汰。

2. 调性

调性是指一组配色或一个画面总的色彩倾向，它包括明度、色相、彩度的综合考虑。调性的考虑是色彩训练中更为整体的一种方法和手段。它的目的是创造不同的色彩气氛（或称色彩风格）。调性包括三个调子：以明度调子为主的配色，以色相调子为主的配色，以彩度调子为主的配色。

在"色彩三属性对比"中曾讨论过明度调子、色相调子和彩度调子，但只是单项对比，而色彩搭配在多数情况下只考虑一项对比是远远不够的。几个纯色并置在一起，由于它们的彩度值和明度值各不相同，因此不可避免地存在着彩度对比和明度对比的关系。可见，调性实质上指的是色彩三属性的综合对比。

（1）以明度调子为主的配色：以明度调子为主的配色具有清晰感、层次感，富有理性，是三个调子中最基础的调子。

以明度调子为主配色时，要注意避免色相的杂乱，色的彩度也不宜过高，以充分展示其明度对比的魅力。通常，清爽、明朗的中调和长调有助于形、结构的体现；反差小、含糊的短调易出现统一、柔和的整体效果。

（2）以色相调子为主的配色：色相调子是建立在色性之上的总的色彩倾向和色相对比度。可以说，色彩全部意义中的大部分在这里得以展现，色彩所孕育的一切感情、力量也都在这里得以表达。色相调子的确定，就是情绪、性格、感觉的确立。在三类调子中，它是最强烈、最直接、最出效果的调子。

色相调子通常是以一两个颜色为主色，其他颜色与之协调，或同类，或邻近，或对比。在理解和处理色相调子时，如将复杂的色彩关系划分为冷暖两大系统，以此来控制和维持一切色相的秩序，往往会取得好的效果。以色相调子为主的配色，其明度关系应建立在该色相原有明度基础之上。这样，此色相才能发挥出最佳的表现价值（图2-32、图2-33）。

图2-32　色彩心理：以红色相为主的配色

（李婧琛-2006级）

图2-33　色彩心理：以蓝色相为主的配色

（陈笑冰-1998级）

（3）以彩度调子为主的配色：彩度调子指以色彩的鲜、浊构成的配色关系，是一个有关色倾向、给色彩以微妙变化的调子。它的确定依配色目的而进行。高纯调子富有生气、有活力，但易显得简单、幼稚；低纯调子含蓄、柔和、富有修养，但同时也有着缺乏个性、平淡的视觉效果。以彩度调子为主要表现价值的配色，其明度尽量保持在较一致的情况下，这样，彩度的特征才得以发挥（图2-34、图2-35）。

图2-34　彩度对比：低彩度色调

（祈梦媛-2007级）

图2-35　彩度对比：中彩度色调

（李抒航-2008级）

三属性的调性各不相同，但它们又相互依存，相互作用。要想使色彩关系完美、和谐，只有将明度、色相、彩度调子同时考虑进去才能够实现（无彩色系的配色除外）。

3. 色彩与感觉

不同的色性和调性具有各自独特的特征，影响到人们也产生了各式各样的感情反应。尽管这种反应由于民族、性别、年龄、职业等而各显差异，但其中共性的感觉还是很多。像色彩的冷暖感、空间感、大小感、轻重感、软硬感等，都明显地带有色彩直感性心理效应的特征。

（1）冷暖感："冷"和"暖"这两个词是指人体本身体验温度的经验。如太阳、火本身的温度很高，它们所射出的红橙色光有导热的功能，使人的皮肤被照后有温暖感。像大海、远山、冰、雪等环境有吸热的功能，这些地方的温度总是比较低，有寒冷感。这些生活经验和印象的积累，使视觉变成了触觉的先导，只要一看到红橙色，心理就会产生温暖的感觉；一看到蓝色，就会觉得凉爽。所以，从色彩的心理学来考虑，红橙色被定为最暖色，绿蓝色被定为最冷色。它们在色立体上的位置分别称暖极、冷极，离暖极近的称暖色，像红色、橙色、黄色等；离冷极近的称冷色，像蓝绿色、蓝紫色等；绿色和紫色被称为冷暖的中性色（图2-36、图2-37）。

从色彩的心理学来说，还有一组冷暖色，即白冷、黑暖的概念。当白色反射光线时，也同时反射热量；黑色吸收光线时，也同时吸收热量。因此，黑色衣服使我们感觉暖和，适于冬季，寒带；白色衣服适于夏季，热带。不论是冷色还是暖色，加白色后有冷感，加黑色后有暖感。另外，在同一色相中，也有冷色感与暖色感之别。

（2）空间感：在平面上如想获得立体的、有深度的空间感，一方面可通过透视原理，用对角线、重叠等方法来形成；另一方面也可运用色彩的冷暖、明暗、彩度以及面积对比来充分体现。

造成色彩空间感觉的因素主要是色的前进和后退。色彩中我们常把暖色称为前进色，冷色称为后退色，其原因是暖色比冷色波长长，长波长的红光和短波长的蓝光通过眼球时的折射率不同。当蓝色光在视网膜上成像时，红色光就只能在视网膜后面成像。因此，为使红色光在视网膜上成像，水晶体就要变厚一些，把焦距缩短，使成像位置前移。这样就使得相同距离内的红色感觉迫近，蓝色感觉逝去。从明度上看，亮色有前进感，暗色有后退感。在同等明度下，色彩的彩度越高越向前，彩度越低越向后。

然而，色的前进与后退与背景色紧密相关。在黑色背景上，明亮的色向前推进，深暗的色却潜伏在黑色背景的深处。相反，在白色背景上，深色向前推进，而浅色则融在白色背景中。

面积的大小也影响着空间感效应，大面积向前，小面积向后；包围下的小面积色则向前推。作为形来讲，完整、

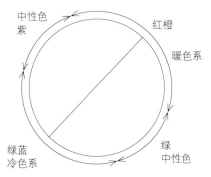

图2-36　色相环中的冷色、暖色、中性色

图2-37　以冷暖感中的中性色为主的配色

（杜文-1993级）

单纯的形向前，分散、复杂的形向后。当形的层次和色的层次达到一致时，其空间效应是一致的。不然，则会形成色彩的矛盾空间。

（3）大小感：造成色彩大小感的因素也是色的前进和后退。感觉靠近的前进色，又因膨胀而比实际显大，亦称膨胀色；看来远去的后退色，又因收缩而比实际显小，亦叫收缩色。也就是说，暖色及明色看着大，冷色及暗色看着小。因此，设计中一般暖色系中的色、明色面积要小，冷色系中的色、暗色面积应适当大些，这样才易取得色的平衡（特殊设计除外）。

（4）轻重感：色彩的轻重感主要与明度相关。明亮的色让人感觉轻，如白、黄等高明度色；深暗的色让人感觉重，如黑、藏蓝、褐等低明度色。明度相同时，彩度高的比彩度低的感觉轻。就色相来讲，冷色轻、暖色重。

（5）软硬感：色彩的软硬感主要取决于明度和彩度，与色相关系不大。明度高、彩度低的色有柔软感，如那些粉彩色；明度低、彩度高的色有坚硬感。中性色系的绿色和紫色有柔软感，因为绿色使人联想起草坪或草原，紫色使人联想到花卉。无彩色系中的白色和黑色是坚固的，灰色是柔软的。从调性上看，明度的短调、灰色调、蓝色调比较柔和，而明度的长调、红色调显得坚硬。

（6）强弱感：色的强弱感与软硬感基本相同。

（7）兴奋与沉静感：色彩的兴奋与沉静感主要表现在色相的冷暖感之间。暖色系红、橙、黄中明亮而鲜艳的颜色给人以兴奋感；冷色系蓝绿、蓝、蓝紫中的深暗而浑浊的颜色给人以沉静感。中性色系的绿色和紫色既没有兴奋性也没有沉静性。另外，色彩的明度、彩度越高，其兴奋感越强。

无彩色系的白色与其他纯色组合有明快感、兴奋感、积极感，而黑色是忧郁的。此外，白色和黑色以及彩度高的色易给人以紧张感，灰色及彩度低的色给人以舒适感。

（8）华丽与朴实感：色彩的华丽与朴实感与色彩的三属性都有关联。明度高、彩度也高的色显得鲜艳、华丽，如霓虹灯、舞台布置、新鲜的水果色等；彩度低、明度也低的色显得朴实、稳定，如古代的寺庙、褪色的衣物等。红橙色系容易有华丽感，蓝色系给人的感觉往往是文雅的、朴实的、沉着的。但漂亮的钴蓝色、湖蓝色、宝石蓝色同样有华丽的感觉。以调性来说，大部分活泼、强烈、明亮的色调给人以华丽感；而暗色调、灰色调、土色调有种朴素感。

二、色彩的间接性心理效应

除上节所提到的色彩的直感性心理效应之外，色彩还存在着一种更为复杂的间接心理效应。此时由于色彩而引起的心理效应不仅仅停留在感觉或知觉的浅层次阶段，而是导致更为深刻的心理活动过程如联想、思维乃至记忆等。色彩的间接性心理效应通常与个人或团体的文化背景或社会因素有关，随地域、时间、民族的不同而不同。

尽管色彩成了一种抽象的概念，但人们在引用某一色彩时，仍习惯采用比较"模糊"的语言而不是利用精确的色彩数字记号来描述。这是因为色彩的记忆与平时生活的经验有着很密切的关系。当我们采用这类相关语言表达时，色彩反而显得更清晰、更明确，如棕色、藏蓝色等就比4-14-4（日本色研表色法）、14PI（奥斯特瓦尔德表色法）更容易被人接受。

既然色彩的经验与一个人的成长经历有关，那么人们对色彩的体验则必然有其独特性（个性）的一面，同时也有其社会性（共性）的一面。下面从色彩联想、象征、嗜好等几方面来论述。

1. 色彩联想

色彩联想是指当人们看到某一色时，时常会由该色联想到与其有关联的其他事物，这些事物可以是具体的物体，也可以是抽象的概念。色彩的联想与平时生活的经验密切相关。例如，红色，我们既可以联想到具体的事物，如太阳、火焰、红旗、鲜花等，也可以产生抽象的联想，如革命、激昂、热情等；黑色，既可联想到黑色衣服、黑汽车、黑夜等具体事物，也可联想到死亡、绝望等抽象概念。

从心理学上看，联想是知觉的产物，它不仅作用于人的视觉器官，还能同时影响到其他感觉器官，如听觉、味觉、触觉等。例如我们说这种色调看起来很嘈杂，或者说这两种颜色相配显得很和谐，这里的嘈杂与和谐均属于听觉的范围。事实上，很久以前就有人研究色彩与听觉特别是与音乐的关系，并建立了音波与光波振动数之间的定量关系，通常以低音代表低明度色彩，高音代表高明度色彩。色彩与触觉的关系也是同样道理，如分别是红色与蓝色的物体，虽然它们同质，但用手去摸，会给人造成红色物体坚硬而温暖、蓝色物体柔软而冰凉的错觉。色彩与味觉的关系也十分受人重视，因为适当的色彩可以增进人的食欲。心理学家认为，明色调的食物一般比暗色调的食物容易下口，而暖色系的食物与冷色系的食物则对人的胃口影响不大。色彩还可以对嗅觉产生作用。最常见的是由某种色彩联想到某种花香，如白色使人联想到百合花或夜来香的气味，桃红色使人联想到桃花的芬芳；同样，茶褐色会使人联想到焦糊的气味，而深色调就会使人联想到腐坏的气味。

2. 色彩象征

当对某种色彩的联想在一定的地域、一定的时间范围内被某个民族、某个社会集团所认可并加以推广时，就构成了色彩的象征。色彩象征体现了色彩联想中"共性"的一面，是人们将这种共性普遍化、一般化后形成的某类特定事物的表达形式。另一方面，色彩象征又受地域环境、民族文化影响颇深，同样的色彩在世界不同地区往往表示不同的信息。如黄色在中国传统观念中是帝王的色彩，因而象征着崇高与威严；而在欧美，由于基督教的普及，黄色是叛徒犹大的衣服颜色，因而象征着卑劣。又如白色在中国人眼中意味着丧葬；而对欧洲人则意味着喜庆，意义完全相反。

3. 色彩嗜好

色彩嗜好是指个人对某种色彩的喜好或偏爱。一般来说，支配色彩嗜好有三个因素：一是自我介入（个人嗜好，占20%），二为体面的维持（自我与环境的调和，占40%），三为快乐的追求（追随流行，占40%）。其中，环境的影响百分比最高。环境因素包括职业与场合的调和、教育程度、社会地位、宗教信仰、民族与传统等。当然，个性仍然具有应用色调的很大的潜在力量。

尽管色彩嗜好存有个人的差异，但相对色彩象征的特殊性一面，我们同样会发现人们对于色彩的喜好也能在某一范围内存在共性的因素。例如，无彩色系列的色和驼色系列的色，男性与女性都喜欢；男性喜好蓝、绿色系的色；女性喜欢红、紫色系的色；知识分子喜欢含蓄的低彩度色等。

从色彩嗜好与性格的关系看，一般认为喜欢红色的人感情外露并且是现实的享乐主义者；喜欢绿色是理性而朴素的人；喜欢蓝色的人具有浪漫性格，注重精神生活；而喜欢橙色的人则缺乏自主，无个性；喜欢紫色、暗褐色与黑色的人，固执孤僻且自卑感强……以上结论是否科学还有待进一步验证，但色彩嗜好与人性格之间的关系确实存在。

色彩嗜好的另一个重要特征是其具有很强的时间性与社会性，即随着时间的变化、社会风气的影响而变化。这种个人色彩嗜好向社会群体妥协并转而追逐大众潮流的现象十分普遍，由此就产生了流行色。流行色的概念在商业设计中十分重要，目前它已成为设计界中一个不可忽视的研究内容。

思考题

1. 在服装色彩中，色调有着怎样的重要性？
2. 彩度色阶和彩度对比在服装专业的色彩训练中有什么样的价值？
3. 色彩嗜好是一个很值得研究的领域，你的色彩嗜好是什么？你所属的人群的色彩嗜好都有哪些特征？

练习题

以下色彩基础练习是最基础的练习，作业较多（原理练习分得比较细），但服装色彩的色调和美感都是从这里开始。色彩训练讲究的是颜色成分和色彩关系，只有手绘才谈得上品质，每个配色旁边要求有色标，一个画面要求画两个人或是三个人。画面人物造型和服装可以简单、概括一些。

1. 强调明度对比的配色练习（习题2-1-1~习题2-1-13）

● 要求与方法：
（1）在明度对比的10个调子里任选。

（2）练习一，选取同一色相或类似色相的不同明度的颜色来进行，以突出明度的变化；练习二，选用多个色相的中彩度或低彩度的颜色进行练习。

2. 强调色相对比的配色练习（习题2-2-1～习题2-2-31）

● 要求与方法：

（1）本练习尽量选用中高彩度的颜色，最大限度地发挥色彩对比的魅力；同类色、类似色的练习尽量拉大明度的层次，以免显得单调、呆板（习题2-2-1～习题2-2-4）；邻近色、对比色的关系在实际运用中非常广泛，充满了色感，但要注意服装的类别，一般多出现在休闲装和礼服当中（习题2-2-5～习题2-2-18）。

（2）互补色练习选用补色中的三对极端色（红与绿、黄与紫、橙与蓝），方法有三种。第一，选一对补色，用黑色与白色并置其中，形成单纯而鲜明的色彩效果；或是降低颜色的彩度（习题2-2-19～习题2-2-21）；第二，两对或三对补色同时运用，注意面积比例，突出一对的对比关系，使之产生带有跃动感的节奏（习题2-2-22～习题2-2-24）；第三，任选一对补色，通过互相混合以及分别与黑白灰三色进行调配，使原本鲜艳、生硬的色彩一点点调和起来。此练习最好用三四套服装分别进行表现（习题2-2-25～习题2-2-31）。

3. 强调彩度对比的配色练习（习题2-3-1～习题2-3-31）

彩度关系在服装色彩的学习中尤其重要，许多色彩的倾向、细腻的变化都与彩度关联。此作业是每位同学都必须做的。

● 要求与方法：

（1）单一色相等明度的不同彩度对比。这是指一个颜色与其同等明度的灰所形成的色阶之间的对比关系（色立体横向关系）。这个颜色尽量选彩度值比较高的颜色，以提高视觉的分辨率和注目性，如大红色、橘黄色、中黄色等（习题2-3-1～习题2-3-10）。

（2）单一色相不同明度的等彩度对比。这是指一个颜色与无彩色系不同明度的黑白灰所形成的色阶之间的对比关系（色立体纵向关系）。配色时，拉开明度的距离，方可取得好的效果（图2-3-11）。

（3）高彩度色调。高彩度的配色浓艳、强烈，一般多为中等明度，练习中主要考虑色相关系的变化即可（习题2-3-12～习题2-3-14）。

（4）中彩度色调。中彩度的配色饱满、浑厚，往往是由中等明度的色组成，色感强但又不失稳重（习题2-3-15～习题2-3-16）。

（5）低彩度色调。低彩度的配色朴素、柔和，略带成熟气质。在大面积的浊色中点缀小面积的艳色不失为一种好的配色（习题2-3-17～习题2-3-31）。

4. 以一个色相为主的配色（习题2-4-1～习题2-4-12）

指在红、橙、黄、绿、蓝、紫六个基本色相中任选一个色相，通过变化其冷暖、明度、彩度来拓宽它们的色域范围，再与不同的色进行搭配，最后形成主调明确、色相心理表达充分的色彩设计。色彩设计中以一个色相入手是很常见的方法之一。

● 要求与方法：

（1）不同的色相有着不同的色性，即色彩的冷暖分别。色彩学上根据心理感受，把颜色分为暖色、冷色和中性色。根据自己的喜好选择色相，如红色相，可有冷红、暖红、灰红、粉红、深红、锈红等。是以纯红为主，还是以低彩度红为主，是选择补色绿与之相配，还是选择对比色蓝色，这将会产生截然不同的心理效果。

（2）进行系列配色练习，3～4套服装。

5. 冷暖色调练习（习题2-5-1～习题2-5-4）

● 要求与方法：

冷调、暖调两个画面的人物和服装尽量一致，只变换色彩，在细微的变化中体会颜色冷暖的味道。两个色调进行比较，颜色的冷暖是相对的。

6. 中性色调练习（习题2-6-1～习题2-6-14）

中性色调指没有明显冷暖倾向的色之间的搭配关系。中性色调既适合于男装，也适合于女装，是服装配色中的重要色彩关系。

● 要求与方法：

（1）以黑白灰为主。其配色明快、现代、高贵，可适当与有彩色系的色进行搭配，给稳重、雅致的色调中添点情趣（习题2-6-1～习题2-6-6）。

（2）以褐色系列的色为主。其配色自然、柔和、典雅。这类色包括乳白色、象牙色、米色、奶黄色、浅驼色、哔叽色、枯叶棕色、浅烟褐色、灰褐色、褐色、深棕色等。配色中可适当增强这些褐色的色相感，如金褐色、棕黄色、赭绿色等，使色彩效果更加饱满、生动（习题2-6-7～习题2-6-11）。

（3）以冷暖的中性色为主。指紫色相、绿色相的色彩搭配关系，其效果充满了异样的感觉，极富个性。练习时以绿色为主，或以紫色为主，或是两色同时运用均可，颜色的彩度可适当降低（习题2-6-12～习题2-6-14）。

习题2-1-1 明度对比——高长调

（李兴军-2010级）

习题2-1-2 明度对比——低长调、高长调

（梁昀云-2010级）

习题2-1-3 明度对比——高长调、中短调、低长调（吴绮雯-2009级）

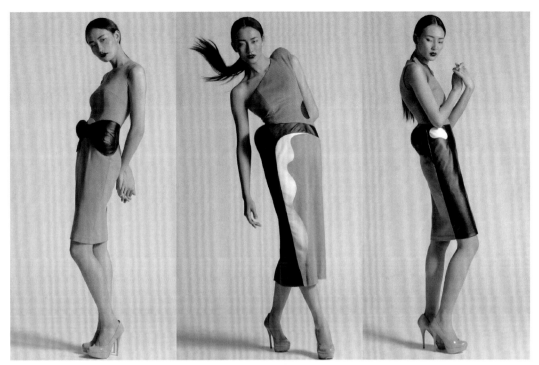

习题2-1-4　　明度对比——中长调（华嘉-2007级）

习题2-1-5　明度对比——高短调、低短调、中短调（李燕懿-2007级）

习题2-1-6　明度对比——高短调、低短调、高中调（王文祺–2011级）

习题2-1-7　明度对比——中短调、高长调、低短调（芦子微–2009级）

习题2-1-8　明度对比——高短调、高长调、
　　　　　低短调（鞠思雯-2009级）

习题2-1-9　明度对比——高长调、低中调、
　　　　　中短调（葛佳颖-2010级）

习题2-1-10　明度对比——低长调、高短调、
　　　　　　中短调（于子轩-2012级）

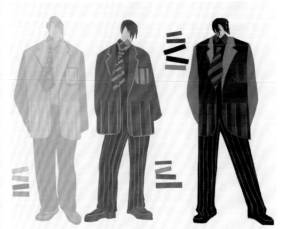

习题2-1-11　明度对比——高短调、中中调、
　　　　　　中长调（尤颖-1994级）

习题2-1-12　明度对比——高中调、中中调、
　　　　　　低中调（蒋佳妮-2011级）

习题2-1-13　明度对比——低中调、中短调、
　　　　　　高短调（朱雯-2009级）

习题2-2-1 色相对比——同类色（罗宇豪-2007级）

习题2-2-2 色相对比——同类色、同类色、类似色

（王春阳-2006级）

习题2-2-3 色相对比——类似色

（张帆-2008级）

习题2-2-4 色相对比——同类色

（肖敬-2010级）

习题2-2-5 色相对比——对比色、类似色、邻近色

（孙晓云-1995级）

习题2-2-6　色相对比——邻近色（付艳-1991级）

习题2-2-7　色相对比——同类色、邻近色、邻近色（薛晶-1993级）

习题2-2-8　色相对比——同类色、邻近色、
类似色、对比色（冷方-1994级）

习题2-2-9　色相对比——对比色
（朱沅泠-2017级）

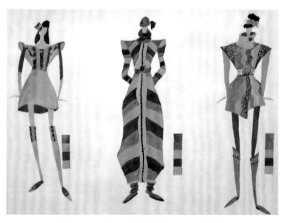

习题2-2-10　色相对比——对比色
（王春阳-2006级）

习题2-2-11　色相对比——对比色
（闫籽棋-2018级）

习题2-2-12　色相对比——对比色
（孙玥-2006级）

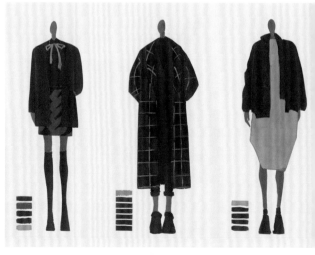

习题2-2-13　色相对比——对比色
（江文卓-2018级）

习题2-2-14 色相对比——对比色（谢梦荻-2009级）

习题2-2-15 色相对比——对比色（曲孟-1992级）

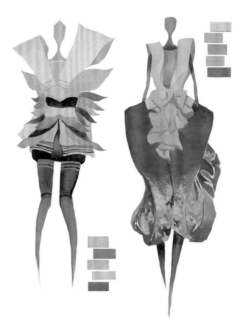

习题2-2-16 色相对比——对比色

（郭永-2008级）

习题2-2-17　色相对比——对比色

（周诗卉-2010级）

习题2-2-18　色相对比——对比色

（何海荣-2008级）

习题2-2-19　色相对比——互补色（陈君峯-1992级）

习题2-2-20　色相对比——互补色（向彦昕-1997级）

习题2-2-21　色相对比——互补色

（于张悦-1995级）

习题2-2-24　色相对比——互补色

（郭永-2008级）

习题2-2-22　色相对比——互补色

（李燕懿-2007级）

习题2-2-23　色相对比——互补色

（程卓琳-2015级）

习题2-2-25　色相对比——补色调和

（杜文-1993级）

习题2-2-26 色相对比——补色调和

（江雪–2007级）

习题2-2-27 色相对比——补色调和

（黄纾–1996级）

习题2-2-28 色相对比——补色调和

（杨雅辉–2007级）

习题2-2-29 色相对比——补色调和

（肖青–2008级）

习题2-2-30 色相对比——补色调和（闫籽岐–2018级）

习题2-2-31 色相对比——补色调和（江凌–1994级）

习题2-3-1　彩度对比——一个色相的同明度、
　　　　　不同彩度对比（吴波-1991级）

习题2-3-2　彩度对比——一个色相的同明度、
　　　　　不同彩度对比（华嘉-2007级）

习题2-3-3　彩度对比——一个色相的同明度、
　　　　　不同彩度对比（王艺诺-2018级）

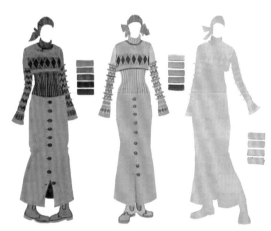

习题2-3-4　彩度对比——一个色相的同明度、
　　　　　不同彩度对比（冷方-2007级）

习题2-3-5　彩度对比——一个色相的同明度、
　　　　　不同彩度对比（闫籽岐-2018级）

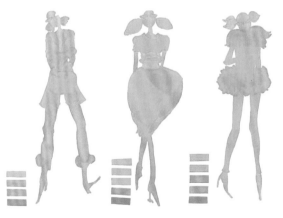

习题2-3-6　彩度对比——一个色相的同明度、
　　　　　不同彩度对比（肖青-2008级）

习题2-3-7 彩度对比—— 一个色相的同明度、
不同彩度对比（宫莉雯-2007级）

习题2-3-8 彩度对比—— 一个色相的同明度、
不同彩度对比（汪萧然-2007级）

习题2-3-9 彩度对比—— 一个色相的同明度、
不同彩度对比（蔡凌霄-1995级）

习题2-3-10 彩度对比—— 一个色相的同明度、
不同彩度对比（刘思思-2008级）

习题2-3-11　彩度对比——一个色相的不同明度的等彩度对比（孙丽明-1997级）

习题2-3-12　彩度对比——高彩度色调（王方程-2010级）

习题2-3-13　彩度对比——高彩度色调（罗丽梅-2009级）

习题2-3-14　彩度对比——高彩度色调（陈思-2010级）

习题2-3-15　彩度对比——中彩度色调（郭震昊-2011级）

习题2-3-16　彩度对比——中彩度色调

（陈冠宇-2011级）

习题2-3-17　彩度对比——低彩度色调

（吴雅婷-2010级）

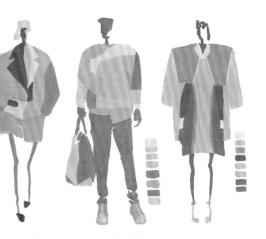

习题2-3-18　彩度对比——低彩度色调

（肖榕-2011级）

习题2-3-19　彩度对比——低彩度色调

（朱沅泠-2017级）

习题2-3-20　彩度对比——低彩度色调

（于子轩-2012级）

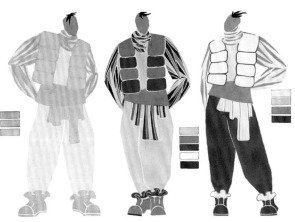

习题2-3-21　彩度对比——低彩度色调

（冷芳-1994级）

习题2-3-22　彩度对比——低彩度色调

（许明琛-2007级）

习题2-3-23　彩度对比——低彩度色调

（杨雅辉-2007级）

习题2-3-24　彩度对比——低彩度色调

（宫莉雯-2007级）

习题2-3-25　彩度对比——低彩度色调

（吴绮雯-2009级）

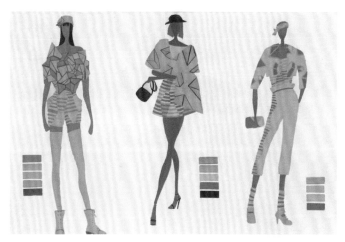

习题2-3-26　彩度对比——低彩度色调（李绮璐-2013级）

习题2-3-27　彩度对比——低彩度色调（罗玉盈-2013级）

习题2-3-28　彩度对比——低彩度色调（何欣怡-2018级）

习题2-3-29　彩度对比——低彩度色调（叶黎萌–2012级）

习题2-3-30　彩度对比——低彩度色调（李含嫣–2017级）

习题2-3-31　彩度对比——低彩度色调（何曦–2018级）

习题2-4-1　色彩心理——以红色相为主的配色

（冷方–1994级）

习题2-4-2　色彩心理——以红色相为主的配色

（赵燕–1996级）

习题2-4-3　色彩心理——以红色相为主的配色

（林汩–2011级）

习题2-4-4　色彩心理——以红色相为主的配色

（叶洁露–2007级）

习题2-4-5　色彩心理——以红色相为主的配色

（李燕懿–2007级）

习题2-4-6　色彩心理——以红色相为主的配色

（刘家龙–2006级）

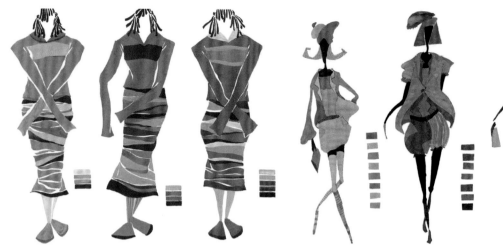

习题2-4-7 色彩心理——以橘色相为主的配色

（李欣欣 1997级）

习题2-4-8 色彩心理——以中黄色相为主的配色

（鞠思雯-2009级）

习题2-4-9 色彩心理——以绿色相为主的配色

（张爽-1995级）

习题2-4-10 色彩心理——以绿色相为主的配色

（王文祺-2011级）

习题2-4-11 色彩心理——以蓝色相为主的配色

（陈晓云-1995级）

习题2-4-12 色彩心理——以紫色相为主的配色

（何水兰-2003级）

习题2-5-1 色彩心理——暖色调

（陈思–2009级）

习题2-5-2 色彩心理——冷色调

（陈思–2009级）

习题2-5-3 色彩心理——暖色调

（罗丽梅–2009级）

习题2-5-4 色彩心理——冷色调

（罗丽梅–2009级）

习题2-6-1　色彩心理——以黑白灰为主的配色

（徐子童-2007级）

习题2-6-2　色彩心理——左：以低彩度色
为主的配色，右：以黑白灰为主的配色

（张航-1992级）

习题2-6-3　色彩心理——以黑白灰为主的配色

（陈思-2010级）

（a）

（b）

习题2-6-4　色彩心理——以黑白灰为主的配色（张乐暄-2007级）

（a）

（b）

习题2-6-5　色彩心理——以黑白灰为主的配色（汪箫然-2007级）

（a）

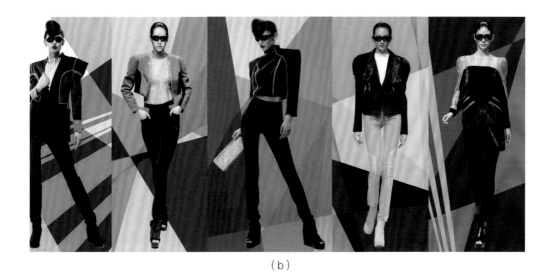

（b）

习题2-6-6　色彩心理——以黑白灰为主的配色（张敏之-2007级）

习题2-6-7 色彩心理——以褐色系为主的配色（刘睿越-2007级）

FACE TO FACE

习题2-6-8 色彩心理——以褐色系为主的配色（王楠-2007级）

习题2-6-9　色彩心理——以褐色系为主
　　的配色（伍美彦-2007级）

习题2-6-10　色彩心理——以褐色系为主的配色
（王海涛-2009级）

习题2-6-11　色彩心理——以褐色系为
　　主的配色（朴仙慧-2013级）

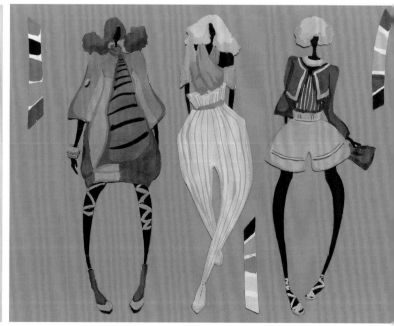

习题2-6-12　色彩心理——以冷暖的中性色为主的配色
（李恺悦-2009级）

习题2-6-13 色彩心理——以冷暖的中性色为主的配色（黄纾-1996级）

习题2-6-14 色彩心理——以冷暖的中性色为主的配色（代虹-1998级）

基础理论

第三章　服装色彩的配色原理

课题名称： 服装色彩的配色原理

课题内容： 色的统一

　　　　　　色面积的比例

　　　　　　色的平衡

　　　　　　色的节奏与韵律

　　　　　　色的单纯化

　　　　　　色的复杂化

　　　　　　色的强调

　　　　　　色的间隔

　　　　　　色的关联

课题时间： 4课时

教学目的： 通过服装色彩中色面积、色节奏等配色原理的学习，了解并掌握配色美的规律，提高服装色彩的审美。

教学要求： 1. 理解不同配色原理的特征。

　　　　　　2. 将配色原理灵活运用于服装设计中。

课前准备： 广泛阅读纯艺术和设计艺术类画册。

服装色彩的配色原理

客观地讲，色彩中单个色仅是一项光学值，它如同语言文字一样，本身并没有善、恶，也无所谓美、丑。只有当两种或两种以上的颜色组合在一起时，才会出现好的或不好的效果。也就是说，色彩的美感是在色彩关系的基础上表现出来的一种总体感觉，美与丑的关键在于它和什么色放在一起，在于"关系的恰到好处"。当然，不同的人对颜色的嗜好是各不相同的，同是一个色，褒贬的评价可能会有天壤之别。尽管如此，我们还是能追寻到一些共通的美的原则。而设计工作者更多时候要考虑的正是这些多数人所共有的美感。

就配色的目的性而言，通常可分为三种：

（1）纯粹追求美的配色，如美术作品；

（2）重视实用化机能的配色，尽管其效果并不一定很美，像黄色与黑色的安全标志、群青色与橘色的环卫工人服，主要是为了引起别人的注意；

（3）既追求美又注重生活机能的配色，像服装、建筑、室内设计的配色都属这类。

配色中应该说具备了调和、悦目、赏心就算是种美的配色，虽然不是全部，但却是构成美的形式条件之一。配色时最先考虑的往往是色彩性格的调和，当然，只求单方面颜色的协调是远远不够的，它还要与色彩的形、面积、位置等相互间的比例、均衡、节奏等关系要素同时进行考虑。只有当这些形式规律富有一定秩序感时，所给予的色彩效果才是美的。配色中有了秩序才有美，但不等于秩序就是美。

第一节　色的统一

一套服装的配色，除了考虑它的机能性所赋予的色彩外，更多的就是感情因素了。当我们把这种感情因素结合起色彩性格带来的印象以及联想时，这套服装究竟使用哪一种色、哪一种色调就可决定下来了。服装配色中首先应该考虑的就是色彩性格的选择和统一。

　　寻求统一，可以说是人类最基本的、也是最一般的愿望。从色彩调和论上看，统一，相当于同类色和邻近色，也就是说，较类似的颜色配合在一起，给人的视觉感觉往往是美的、舒服的。色彩性格的统一其实就是求心性，各种颜色的感觉向一个中心靠拢，或色相，或明度，或彩度，最后形成调性极强的色彩效果。例如，用冷色或暖色统一配色整体，或用某一色相统一整体，或以明色、暗色统一整体，或以相同彩度统一整体，统一的美感是大多数人最易接受的和最易感觉到的美感（图3-1～图3-4）。

图3-1　色的统一——用绿色相统一整体

（王楠-2007级）

图3-2　色的统一——用低彩度统一整体

（姜璐-2009级）

图3-3　色的统一——用冷色调统一整体

（高田-1993级）

图3-4　色的统一——用暖色调统一整体

（姜希嘉-2011级）

　　从视觉生理平衡看，配色中若过分统一，就会变得干燥无味，无生气，这时就必然要寻求心理、视觉上的变化。值得一提的是，服装配色中的统一与变化，除色彩性格的调和外，还要特别注意面料与面料之间的统一与变化关系，以及由于材质、肌理的不同而呈现出的色泽差别。因为面料的选择和搭配与服装色彩的最后效果是密切相关的。

第二节　色面积的比例

服装中所谓美的比例到底是什么？国际上公认的、应用最为广泛的就是古希腊时代所发现的、著名的"黄金分割"，亦称"黄金律"——1：1.618的长度比例关系。直到今天，"黄金分割"依然具有很大的魅力，其主要原因是它体现了部分与整体的内在关系，包含有秩序的美感（图3-5）。

如果从长方形的右下角以抛物线的方式通过每一个方形的对角线，就会得到一个具有张力的旋涡形，沿着这条饱满而充实的线移动你的视线，最后的焦点就落在了长方形右上方的二分之　处，这一点以及周围，成了构图的重点，也就是视域的黄金区。反映在绘画上往往把构图的主体、主要人物安排在黄金地带（从一些西方古典绘画中可明显看出），反映在服装中常常是在领部、左胸前进行变化和装饰。尽管许多人并不懂得什么是"黄金律"，但事实上用黄金比例设计、制造出来的东西的视觉感觉是良好的，也被公认为是美的。

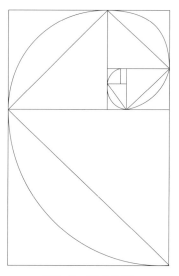

图3-5　黄金分割

图3-6　色面积的比例（谢梦获-2009级）

当然，配色的美绝不能单纯地依赖或死抠1：1.618的比例，在许多造型物中采用标准的1：1.618也并不多见，只要有近似的数字序列即可。因而黄金比例在实际应用中经常被写成2：3，3：5，5：8，它们都是近似值，相当于黄金比的分配。这些从数字序列推算出来的比例关系，都属美的比例关系。

服装是立体的艺术，有体就有面。因此，在服装配色中无论采取哪一种比例，严格地说都应该视为面积的比例。由于人体的比例是竖长型，所以大部分服装都趋向于上下竖型的面积比，如领围线、肩线、腰线、裙摆线等，相互间有一种距离感，此种情况可视为长度的比例关系。像平日遵循的长上衣配短裙或短上衣配长裙的原则，都属上下的面积关系（图3-6）。

服装色彩面积的比例还要看色彩的强弱程度，尤其是对比的调和。在前面的

"色彩对比"一节中曾对色面积对比的要素以及补色对比的比值等进行过详细讲述，请参阅。

第三节　色的平衡

　　服装色彩中的平衡美感，是通过色彩面积的分布，不同色相、明度、彩度的变化所感到的和判断到的一种力的平衡和心理量的平衡。力量的平衡（指物理量）在舞蹈、体操的造型中是个关键，如平衡木、走钢丝的表演；心理量是指内心运动变化在形体上的表现（内心体验给视觉上的感应）。

　　服装色彩中的平衡主要分为三种形式：对称的平衡、非对称的平衡和上下的平衡。对称的平衡，具有单纯明了的秩序特征，有种稳静、安定的视觉效果，是一种最易达到的平衡。但容易有呆板的感觉。人体的生态是对称、均齐的，五官四肢都按中轴生长，有着对称的美感。服装造型中由于是以人为主体，所以大部分的形式和色彩搭配都是左右对称的。非对称平衡，指色性格、色面积、色位置等不均匀分布，配色时按照一定的空间力场进行适当调整，在对比的强度上感觉是相等的、平衡的状态。非对称平衡的色彩效果活跃、新鲜，极富运动感，但掌握起来要比对称性平衡复杂得多。在服装配色中上下的平衡往往被忽略。配色中如果全身是同一个色，或同明度、同彩度还好说，若上下身的色相、明度或彩度都相差很远，那就要特别注意服装上下的长度和色面积的分量比例关系，在色彩的分配上、分量上使整体有平衡感（主要是感觉）。因此，比例与平衡应看成一体。

　　对服装而言，除以上三种平衡外，另外还有其他的平衡关系。从人的侧面看，服装的前后虽然不能像左右对称那样明显地决定中心线，但在感觉上确实存在着前后的平衡。俗话说"前挺后撅"，即胸挺起，屁股肯定向上翘，属正S型；而背驼的人则是反S型的。再者还有主体色（衣服的色彩）与辅助色（配饰的色彩）的平衡问题等。总之，无论什么平衡，实质上都是体现一种稳定感，希望通过色的强弱、轻重等性质关系，使视觉达到平静的或富有节奏的调和。

　　然而，服装色彩的平衡与形和材质又有着紧密关联。即使是同一个色，薄厚不同的两种面料给人的轻重感也是各不相同的，如黑色真丝乔其纱和黑色毛呢。当服装的结构形式呈对称时，可在色彩上使之不对称，打破形式上造成的死板；如果服装的造型呈左右非对称时，则要利用色彩的轻重和面积来加以补充、调整，在不平衡中求平衡。

　　具体用色时，一般暖色和纯色要比冷色和浊色面积小一些；当两色的明度接近时，彩度高的色比灰色或低彩度色的面积要小；深与浅、冷与暖的强对比，应变化其面积、位置关系；明度相同的色尽量寻找一些色相变化。反过来说，如果一套服装的配色是五颜六色的话，那就要在明度上求得近似。要说明的是，平衡的美感不是用磅秤可以量出来的，也不是仅靠单纯的数字就能解决或达到的。平衡的美感来自每个人坚实的艺术素养，来自每个人心灵对色彩的体验（图3-7、图3-8）。

图3-7　色的平衡（孔潇睿–2008级）　　　　图3-8　色的平衡（徐子童–2007级）

第四节　色的节奏与韵律

雷圭元先生在《图案基础》一书中曾对节奏和韵律有过精辟论述："条理性与重复性为节奏准备了条件，节奏带有机械的美。而韵律，是情调在节奏中起作用，拿声音来讲，汽笛和汽车的喇叭声可以是节奏，但不像牧童和行军号角带有韵律。"因此，对待节奏，可理解为简单的重复，而韵律则属富有情调或意境的节奏。

服装，是由人穿着活动着的机体。伴随着人体的快慢和强弱，面料本身的动作首先会产生节奏，像丝绸、纱、针织织物、毛呢、皮革的节奏感觉都是不一样的。另外，通过造型手段的变化也能产生多种节奏，如多褶、镶边、花边、荷叶装饰、纽扣排列等。然而，服装中最为强烈的节奏效果还要属色彩的作用，即通过色面积有规律的渐变、交替，或有秩序地重复色的明度、色相、彩度、形状和方向等要素所获得的节奏。

配色时可大体考虑为三种节奏形式：渐变的节奏，反复的节奏，多元性节奏。

1.渐变的节奏

这是一种色相、明度、彩度和一定的色形状、色面积等像光谱或色阶那样依次排列，或由小到大、由大到小，或由弱到强、由强到弱，或由冷到暖、由暖到冷，或由深到浅、由浅到深，或由纯到灰、由灰到纯等逐渐过渡的节奏。这种秩序感觉可以是等差级数的变化，也可以是等比级数的变化。"等差"即按照算术级数1，2，3，4，5……的渐增或渐减，节奏缓慢而平滑；"等比"即1，2，4，8，16，32……成倍数地增加或减少，节奏较"等差"跳跃性强，渐变的意味也更明显（图3-9～图3-11）。

图3-9　色的节奏与韵律——
　　渐变节奏（秦瑶-2004级）

图3-10　色的节奏与韵律——
　　渐变节奏（纪玲玉-2011级）

图3-11　色的节奏与韵律——
　　渐变节奏（李绮璐-2013级）

2. 反复的节奏

这是由要点的反复带来的节奏。一种反复可为连续反复，即将同一色相、明度、彩度或同一色形状、色面积、色肌理等色要素，连续进行几次同样反复所获得的节奏。反复的要点可以是一个要素，也可以是几个要素组成的小单位。连续反复的效果极富节奏特征，有一种规律的变化秩序美。例如，百褶裙的规则连续反复，大斜裙摆的无规则连续反复，同颜色的花边、镶条在领部、前襟、袖口、袋口处装饰所形成的连续反复节奏。另一种反复是交替反复，即将两个或三个独立的要素或对比着的要素进行方向、位置、色调等交替重复的节奏。它的变化遵循一定的格式和规律的对立与对应来进行，效果更具多样性，如面料的宽窄条纹、花纹的四方连续等。尽管反复节奏的运动感不很明显，但连续不断地重复则有着加强印象的意味。这是一种最为普通和最易体察出的节奏效应（图3-12、图3-13）。

图3-12　色的节奏与韵律——反复的节奏
（姜希嘉-2011级）

图3-13　色的节奏与韵律——反复的节奏
（吴绮雯-2009级）

3. 多元性节奏

多元性节奏是指配色中将色彩的冷暖、明暗、鲜浊、形状等进行高低起伏、重叠、转折、强弱、方向等的变化，在视觉上即可获得一种强烈而动感的节奏。这种节奏的运动形式和结构很不规则，其中没有渐变、反复节奏中那种固定不变的要点，而是由复杂的各种元素相组合，是一种较为自由的节奏形式。这里称它多元性节奏。此节奏最大的特点是运动感强、有生气、充满个性。配色中，不同色的性格加上不同线、形的意义，往往可感受到一种带有方向性的节奏。这种感觉一般来自形和色内在的张力，而张力的体现从方向性上又是最容易体验到的。一件好的设计，只有当形和色的性质表现相接近时，其节奏效果才是强烈的、明确的；反之，节奏效果则是混杂的、无秩序的（图3-14～图3-16）。

图3-14　色的节奏与韵律——多元性节奏（王超–2006级）

图3-15　色的节奏与韵律——多元性节奏（蔺明净–2008级）

图3-16　色的节奏与韵律——多元性节奏（李翔宇–2009级）

"韵律"是在节奏之上所要达到的更高境界。它不像"节奏"那样表面形式明显、单纯，而它的体现较为复杂，也更内在。它需要作者对作品注入更多的感情和思想，以此来贯穿始终，给人们留下明确的主题或意向，从而获得更多的回味（图3-17）。

总之，色彩的节奏与韵律，是现代造型艺术中不可缺少的重要原理。无论是节奏感还是韵律感，都是以激发人的情感，引起人的视觉和心理快感为目的。丰富的节奏和韵律不像数学里的"1+1=2"那样程式化，它们的表现有时是优美的、活泼的，有时是庄严的、悲哀的；有时会是激烈的、庞大的，有时会是微妙的，像湖水上的微波。这些不同的性格和情调都要靠大家去体会、去理解，否则是感觉不到的。

图3-17　色的节奏与韵律——富有韵律感的节奏（李翔宇–2009级）

第五节　色的单纯化

从形式论上讲，人的"知觉在根本上就具有简单化和统一化的倾向。"所以，造型艺术中单纯的形、单纯的色也最具感召力，它能使效果更集中、更强烈、更醒目、也最容易记忆。色彩的单纯指简洁化，即减少配色条件，以尽量少的色数和单纯的配色关系来实现的色彩效果。实现单纯化原理的手段有四种：减弱、加强、归纳、组合。

色的单纯化有时也体现在统一化上。单纯并不一定就是简单，也绝不等同于单调。例如，通体雪白的玉兰花，质朴而柔和，它将丰富、微妙的变化含蓄地展现在单纯的白色之中，使它比五颜六色的色彩效果更内在，更耐人寻味。还有我国民间的蓝印花布、战国时期的红黑漆器、明清时期的青花瓷等，看上去它们的用色都不多，但无一不体现着单纯而丰满

图3-18　色的单纯化（霍苗-1997级）

的美感。当我们有时为如何搭配内外衣、上下衣、衣服与配饰犯难时，不妨整套服装选用一个色或非常近似的色，以单纯制胜，往往也会给人留下极强、极深的印象（图3-18、图3-19）。

图3-19　色的单纯化（宫沛然-2006级）

第六节 色的复杂化

色的复杂化，指由色彩的变化要素而决定的多个颜色的组合，其效果表现出丰富细腻、刺眼炫目和风格化极强的色彩美感特征。人的本性是不喜欢复杂的，复杂往往是后天的"有意"而为。在造型艺术中，复杂的形、复杂的色和多风格的融合，常会呈现出一股原始的、自然的、活跃的和无序的气息。它的效果是分散的、变化的和强烈的。例如细密的波斯地毯、质朴而华丽的中国农民画、曲线与装饰构成的西班牙高迪建筑等，复杂而有序是它们追求的目标。

服饰中可以看到西班牙年轻的时尚休闲服装品牌德诗高（Desigual），它给我们带来了视觉的盛宴。德诗高的核心语言是图案与色彩，它的用色亮丽、对比度强，显得年轻、有活力；透过设计师"解构性""游戏性"的设计运用，传达出一种轻松幽默、非理性的生活态度。以针织著称的意大利服装品牌米索尼（Missoni）则是以多彩线条和几何抽象图案为特点进行设计的，优良的材质配合多种颜色的混合搭配，充满艺术的感染力，加上近年来一直流行的混搭风，在看似混乱的不经意间流露出了精致。

"谈到色彩，人们很容易对那些复杂的、对比性强的色彩感兴趣，因为这类色彩包含了一定的配色技巧，并有着强烈的视觉冲击力。"从以上的例子可以看到，复杂化配色可以给简单的服饰以丰富感，可以弥补材料上的不足，并能充分展现设计师或穿着者的搭配技巧。多种色彩带来了"复杂之美"，面料上丰富的颜色同样反映了"技术之美"，风格迥异的花纹图案极具"民族风"，强烈而细致的服饰形象颇具"华丽而古典"的艺术感（图3-20、图3-21）。

图3-20　色的复杂化（郭永-2008级）

图3-21　色的复杂化（刘家龙-2006级）

第七节　色的强调

色的强调，指为了弥补配色中的贫乏与单调，用突出的色彩效果刺激视觉，从而吸引人们对服装的某部分或对人物的注意和兴趣。

服装中，服饰品的运用一般可看作是比较稳定的"强调"，如腰带、胸饰、纽扣、领结、围巾、头饰、颈饰等。但色彩的强调是比服饰品更积极、对整体能够起到更重要的配色作用的方式。尽管有时这些强调只是占据整体形象中很小一部分，但却能产生一种可以左右整体的力。色的强调的关键是色位置的选择，因为占据重要位置的本身就是一种强调。服装中，人的头、脖、肩、胸、腰等部位都属于配色的重点部位。重点的色位置往往还含有集中的效果。另外，伴随着运动感和节奏感的配色，视觉上也能得到一种强调的意味。

"强调"的另一种含义还在于它的对比性。只有当强调部分与整体形成某种对比时，"强调"才真正存在。色彩中黑与白、冷与暖、鲜与浊、大与小等对比的面积比例关系，都可构成整体中的强调，例如：明亮的调子上用暗色作为强调，暖调子上用冷色强调，大面积上用小面积作为强调，灰色调子用少许鲜艳色作为强调等（图3-22、图3-23）。

图3-22　色的强调（王超-2006级）

图3-23　色的强调（李楠慧-2009级）

第八节　色的间隔

当配色中相邻的色彩过于融合或过于强烈时，我们可以采用另一种色来进行间隔，使模糊的关系变得明朗、有生气，或使原来厌恶的效果变得舒适、和谐。这种将配色分离开的方法称为间隔，或称分隔。它是调节、平衡色彩效果的又一重要手段。

色彩中用来间隔的色有三类：一是无彩色系的黑、白、灰，间隔效果容易突出、圆满；二是金、银色，特别要注意与色彩气氛的协调；三是有彩色系作为间隔色，它须与原色彩有所对比，如对比色对比、补色对比、明度的中对比和强对比，鲜浊对比等，否则，没有对比的间隔肯定是没有效果的。

服装中围巾、腰带、门禁的变化，在服装色彩的搭配中常常充当间隔的角色。还有服装工艺中的镶、滚、嵌、荡等方法也起着间隔、过渡、衔接色彩的作用，包括装饰花边、绣花、补花、镶色缉线等的应用。例如冬季曾流行的一种多色相拼的皮夹克，五彩间就是利用黑色镶条进行装饰（间隔）的，其效果饱满而和谐。再如旗袍、中式对襟棉袄，所用面料一般是有花纹的丝绸与锦缎，大多的设计都会从花面料中选一个色，用这个素色料在领、前门襟、袖口、底边、纽扣等部位进行镶、滚的工艺处理，一方面打破了原有的单调与臃肿，另一方面给服装的造型增添了曲线，为服装色彩的整体效果带来了节奏。这里，起间隔作用的色彩不仅仅只陪衬了其他颜色，有时也恰到好处地强调了自己（图3-24、图3-25）。

图3-24　色的间隔（胡桑-2012级）

图3-25　色的间隔（张楠-2003级）

第九节　色的关联

色的关联，指服装中外套、衬里、内衣、裤子、头巾、纽扣、首饰等之间的色彩呼应关系。色的关联是服装配色中最常考虑的调和手法之一，尤其是有花纹的面料搭配。例如一件白地起黑、红小花的上衣，从原理上讲，下衣裙子取上衣的任何一个色——白色、黑色、红色都是协调的，究竟选什么色，要取决于什么人穿，不同的选择会形成几个截然不同的服装色彩搭配风格。鞋、帽、腰带、丝巾、包、首饰的色彩选择都是如此。但一定要掌握好色彩的主次、宾主关系，使黑、白、红三色相互交叉，做到"你中有我，我中有你"，从而获得一种既统一又丰富的效果。选色时注意取花色面料中较为明显的色彩，这样视觉上才易获得联系。如果服装中各部位的色彩都实现了关联，一种色或一种感觉的色多次出现，则将产生重复的节奏和韵律（图3-26、图3-27）。

图3-26　色的关联（何方-2006级）

图3-27　色的关联（李迎军-1991级）

思考题

1. 配色原理与服装类别和风格的关系？
2. 服饰色彩中，如何看待"单纯化"与"复杂化"的色彩美感？

练习题

1. 色的平衡（习题3-1-1 ~ 习题3-1-3）

● 要求与方法：

此练习是建立在两个或者更多色块之间的关系之上；颜色之间一定要有明度差或是色相差；面积的考虑是个很主要的问题；平衡的感觉可以是上下的、左右的，也可以是前后的。

2. 色的节奏与韵律（习题3-2-1 ~ 习题3-2-9 ）

● 要求与方法：

（1）渐变节奏（习题3-2-1 ~ 习题3-2-4）：渐变的节奏可以是强烈的、也可以是缓慢的；明度的渐变清爽，彩度的渐变柔和，色相的渐变饱满。

（2）反复节奏（习题3-2-5 ~ 习题3-2-7）：此原理的用色不多，但是要不断反复，以此形成明显的节奏。

（3）多元性节奏（习题3-2-8 ~ 习题3-2-9）：此练习颜色多，色形状变化多，跳跃、生动、无规律。

3. 色的单纯化（习题3-3-1）

● 要求与方法：

此练习可结合面料材质的作业，在同一或近似的颜色中进行肌理的变化。

4. 色的复杂化（习题3-4-1、习题3-4-2）

● 要求与方法：

此练习颜色多，色形状多而小，但不凌乱，用一个大的明度调子或是彩度调子进行控制。

5. 色的强调（习题3-5-1 ~ 习题3-5-4）

● 要求与方法：

此练习一是颜色要有对比，二是需要强调的颜色要用在小面积上。

6. 色的关联（习题3-6-1 ~ 习题3-6-4）

● 要求与方法：

此练习训练的是一个整体搭配能力，如何关联、关联到什么程度，很能反映个人的修养和风格。

习题3-1-1 色的平衡（何芳-1993级）

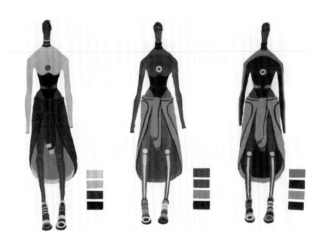

习题3-1-2 色的平衡（方华楠-2016级）

习题3-1-3 色的平衡（李吟雪-2018级）

习题3-2-1　色的节奏与韵律——渐变节奏（张春佳-1998级）

习题3-2-2　色的节奏与韵律——渐变节奏（韩婷-2010级）

习题3-2-3　色的节奏与韵律——渐变节奏（杨思容-2013级）

习题3-2-4　色的节奏与韵律——渐变与反复节奏

（辛磊-2013级）

习题3-2-5　色的节奏与韵律——反复节奏

（刘睿越-2007级）

习题3-2-6　色的节奏与韵律——
反复节奏（郭震昊-2011级）

习题3-2-7　色的节奏与韵律——反复节奏（胡炜璐-2015级）

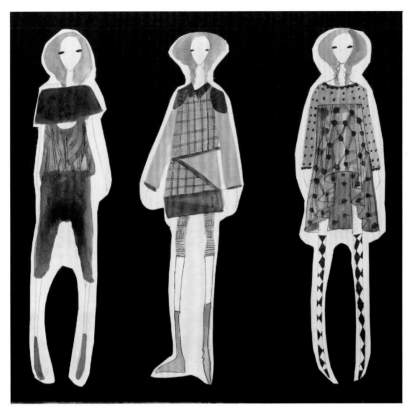

习题3-2-8　色的节奏与韵律——多元性节奏（张帆-2008级）

习题3-2-9　色的节奏与韵律——多元性节奏（孙铭蔚-2009级）

习题3-3-1　色的单纯化（王一帆-2010级）

习题3-4-1　色的复杂化（鞠思雯-2009级）

习题3-4-2　色的复杂化（毛天骅-2009级）

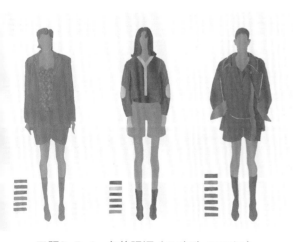

习题3-5-1　色的强调（王艺诺-2018级）

习题3-5-2　色的强调（郑赫龄-2019级）

习题3-5-3 色的强调（蒋雯-2006级）　　　　习题3-5-4 色的强调（黄培-1993级）

习题3-6-1 色的关联（连雅婷-2015级）

习题3-6-2　色的关联（李文青-2004级）

习题3-6-3　色的关联（康卉-2007级）

习题3-6-4　色的关联（赵天爱-2017级）

理论兼实践

第四章　服装色彩与材质、款型的关系

课题名称： 服装色彩与材质、款型的关系

课题内容： 服装色彩与材料

　　　　　　服装色彩与装式、款式

　　　　　　服装色彩与服装风格

课题时间： 12课时

教学目的： 通过讲解和具体实践，关注色肌理的美感以及材质带给服装色彩的变化；深化理解形、色、材造型要素的综合表达。

教学要求： 1. 理解不同材质的表情。

　　　　　　2. 把控色彩情感，并能与服装风格相关联。

课前准备： 寻找相同颜色、不同肌理的面料，以及各种新颖的服装材料和其他可利用的有趣的材质。

服装色彩与材质、
款型的关系

第一节　服装色彩与材料

　　对服装而言，形和色固然都是很重要的因素，但到了解决实质性问题时，就不得不与面料相连接了，因为服装的构成最终是要通过材料来完成，好的色泽也是通过具体的面料质感来体现的。一个成功的设计，材料的选择当占有百分之五十的功效，也就是说，设计水平的高低往往也取决于设计者对材料的理解程度和驾驭能力。"犹如音乐家须得掌握乐器的表现力和局限性，除了熟练地运用音乐语言之外，还要通过有特色的配器手段，才能将乐思完善地音化。"

　　服装材质的构成可分为天然纤维和化学纤维两大类，天然纤维有麻、毛、棉、丝等，化学纤维（包括人造纤维和合成纤维）有涤纶、腈纶、锦纶、维纶等。这些年还出现了许多混纺织物，如毛涤、涤棉等。此外，服装面料还有皮毛、皮革、塑料、金属、纸等。这些不同的材料一方面，具有造型上的不同性质，即造型风格。例如，呢子的线条挺括而温厚，丝绸的线条柔软而流畅，棉与麻的线条自然而松弛。另一方面，由于组织结构的不同，使织物表面呈现出来的肌理感觉（包括视觉、触觉）也有所不同，即不同"质感"散发出的织物表情。例如，绸缎的光泽感，粗花呢的凹凸感，纱绢的透明感等。不管是面料造型上的性质，还是面料表面所充满的感情，都是有"质感"二字造成的。所以，设计服装时，如果只标明用红色面料是远远不够的，必须写明是红纱、红绸，还是红毛呢，这样才能更准确地传达出设计意图。

一、面料质感与色彩

　　理论上讲，不同的材质应该有不同的肌理，但仅从同样的组织、排列和构造来说，不同的材质也可达到视觉上相近，或是一样的肌理，比如平纹组织的细棉布质感，经过处理的麻纤维也同样能够做到（当然，它们的触感是不同的）。肌理的设计与表达已成为纺织技术革新与进步的标识，它的创新给生活、给设计师带来了福音。

　　归纳一下常见织物的质感，其特征有软硬感、薄厚感、轻重感、光滑感、光泽感、透明感、起毛感、疏密感、凹凸感、皱褶感、蓬松感、湿润感和冷暖感。这些面料表情直接关联着服装的色彩与变化。从色彩的浓淡上看，光滑的质地因光的反射率强，所以亮部与暗部的色彩浓淡感觉相差较大；不光滑的质地属漫反射物质，其浓淡感觉相差较小。从色彩的强弱上看（包括软硬感），粗犷的面料色彩风格可强烈些（硬些），精细的面料色彩可柔和些（软些）。从色彩的冷暖上看，凹凸感强的面料纤维粗、组织松，有扩张感，用暖色容易有粗糙、廉价的感觉，如果用冷色或偏冷的色与之配合，效果会好得多。平面感的面料冷暖都适宜。华丽的色彩易与有光泽的、艳丽的丝绸、锦缎相协调。各种不同程度的灰、和那些带有不同颜色倾向的灰，更适合一些高档次的、细质地的精纺毛料。高彩度色用在针织面料上似乎增添了几分柔情，漂亮而充满朝气。高明度的粉彩色与纯棉软质地衣料结合，柔和而爽净，温馨而舒适。当然，色彩与面料质感之间的协调并没有什么绝对的关系，但有一点是可以肯定的，服装配色若只是公式般的套用色彩的基本性格，而忽略了由质感带来的感情变化，你将会犯意想不到的错误（图4-1～图4-3）。

图4-1　色彩与质感——纱与裘皮

（华嘉-2007级）

图4-2　色彩与质感——牛皮与人造革

（金润敬-2010级）

图4-3　色彩与质感——针织与梭织

（芦子薇-2009级）

色彩最重要的特征就是它的情感性。当我们将面料的表情与色彩的情感相关联时，它们的表达一定是最优化的！具体来说，一个设计如果想展现肌理美感时，其色彩的配置一定要，或是尽量要单纯些，服装的上下、里外都把控在一个或类似颜色的基调上，弱化色彩与色彩之间的语言。遇到肌理变化丰富的面料，尽可能与表情素静的无彩色或低彩度色相结合，这样更能发挥出材质的美（图4-4～图4-6）。

 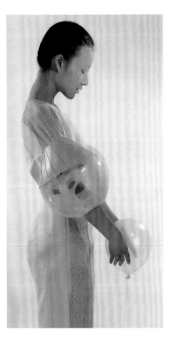 

图4-4　相同颜色的不同质感　　　　图4-5　相同颜色的不同质感　　　　图4-6　相同颜色的不同质感
　　（李慧涵-2003级）　　　　　　　　（谢诣-2007级）　　　　　　　　　（叶文-2006级）

二、花纹面料与色彩

服装面料的色彩美是由纱支、织物、质感、色彩、图案及后处理等综合因素而得来的。如果说"面料质感与色彩"更多指的是单色面料上的表情变化，那"花纹面料与色彩"就是在其上又添加了一层富有图形与色彩的意义，前者内在、含蓄，后者直接、强烈。面料上只要有花纹，就一定会出现多多少少的、或强或弱的色彩关系（花纹面料的质地一般都较单纯），而这种关系将决定着服装的整体色彩与风格。

花纹面料中的图案一般分为具象、抽象和条纹格子三大类。图案的风格与色彩息息相关，具象图案的色彩一般很有现实感，颜色多为中、高彩度；抽象和条纹格子图案的色彩不拘一格，颜色多为中、低彩度。从文化的角度看，各个国家和民族又有自己的传统图案，其纹样与色彩紧密关联，形象寓意明确，如我国的敦煌图案；一些在当下流行的图案是时尚文化的一个折射，其纹样与色彩之间是随意的，形象含义往往不确定。花纹与色彩之间的关联与差异展现着面料各自不同的性格，如大型、具象的花朵的图案显得喜庆，小型、简化的则显得雅静，条纹格子显得平淡、呆板等；面料的性格直接影响着服装的风格。以衬衫为例：在款型不变的情况下，一件是大的花卉图案（较写实），一件是小碎花，一件是细条纹，一件是格子，一件是素色，再配合不同的质感表情，它们可华丽、也可朴素，所呈现给我们的面貌是完全不同的。因此，设计运用时，首先要明确选用花纹面料的目的；其次考虑哪一类图案适合你的服装风格；再者就是图案的色彩问题，对服装的整体而言，是与之更加协调，还是更加强调图案的感觉，这在色彩的最后选用上还是很不一样的（图4-7～图4-10）。

图4-7　花纹面料的色彩配置（孟也园-2015级）

图4-8　花纹面料的色彩配置

（郭永-2008级）

图4-9　花纹面料的色彩配置

（江雪-2007级）

图4-10　花纹面料的色彩配置（乔乙珂-2015级）

你准备选择哪一款衬衫呢？上班用当然应该素色一点，出去玩、希望自己开心些就穿图案花俏一点的，穿着目的很重要。应该说，生活装中素色面料比花色面料用得多，花色面料多用于女装和童装，但今天在男装中也颇为流行（图4-11）。花纹面料的语言是强烈的，用来设计的服装很容易有特点，但对穿着者的要求也很高，如在怎样搭配、气质风度、穿着场合等方面均有要求，并不是每个人都能控制好。有花纹面料的服装设计辨识度高，对风格的形成起着积极的推动作用。意大利品牌米索尼一贯运用的抽象色块和条纹，给服装注入了强烈的韵律感和时尚感；英国品牌凯西·琦丝敦（Cath Kidston）的传统田园小碎花图样，使产品的风格甜美可爱、又复古摩登；中国年轻设计师也不乏花纹面料的热爱者，如刘清扬的品牌Chictopia，花卉虫草等印花图案一直是其设计的重点。

不管哪一类的花纹面料，配色中总会有一个

图4-11　花纹面料的色彩配置

（江竹婧-2009级）

分量多的色，我们称它为"主色"。主色，在一套服装中是用来调整或加强带有方向性意味的色彩感觉和气氛的，也是衣服上下、内外、配饰等相互搭配时所遵循的可靠依据。另外，花纹面料往往还利用纹样的大小、色彩的反转等交错着进行服装色彩的变化，使原本单调的面料在服装中显得丰富而饱满。例一：三件套衣裙，内上衣是小圆点，裙子是中圆点，外衣则是大圆点，其配色关系一样，是不同大小的花型决定了面料的变化。例二：上衣是白地粉花，裙子是白地蓝花，上下衣裙利用同一个花型来进行不同的配色变化。另外还有色彩的阴阳反转，如上衣是白地红花，下衣是红地白花。例三：不同的图案给予统一的配色，如上衣是菊花纹样，裙子是牡丹花纹样，但色彩关系都是黄黑两色（参阅第三章第九节：色的关联）。

　　总而言之，服装色彩是通过具体的面料显现出来的，每一种质地的面料都会有那么几种恰如其分的色彩与之适应。即一种颜色并不是在所有的面料上都漂亮。由于色彩感情与面料质感之间的配合永无止境，所以，在实际工作中积攒下来的经验和感觉就显得非常重要。当然，在考虑面料质感、花纹面料与色彩的关系时，还要加上设计目的性的考虑。例如，是演出服，是工作服，还是休闲服？想要轻盈飘逸的效果，还是华贵富丽或典雅大方的效果？要多褶效果，还是线条简洁、清晰的效果？是古典风格，还是街头风格？只有综合了这些要求之后，才能确定使用某种颜色的某种质地材料，或是某种类型的风格图案面料（图4-12、图4-13）。

图4-12　花纹面料的色彩配置

（陈艳-1996级）

图4-13　花纹面料的色彩配置

（盖婷月-2009级）

第二节　服装色彩与装式、款式

　　首先提两个问题：第一，是不是一种款式适合于多种色彩？第二，服色与装式、款式有没有必然的联系？在选购衣服时常常会遇到这样的情况，尽管一种装式或一种款式有着多种配色可供选择，但并不是所有的颜色都受人青睐，有的颜色卖得很快，有的颜色根本无人问津。这其中自然有流行色强大的影响，有个人喜好的偏爱，但更为重要的、也是许多人容易忽视的一点，就是色彩与装式、款式的内在协调性。

　　从服装表面看，某种装式和某种款式与某种色彩是没有必然联系的，但是不是就没有关系了呢？装式，英文为Look，是状貌、观感的意思。在服装上装式可理解为某种服装的整体特征和印象，它往往带有某某风格、某某情调的微差，这种微差所表现出的特定性，也限定了特定的色彩情调和气氛，一种装式可有多种不同的款式，而变化的款式都必须笼罩在一个大体的感觉特征中。款式与装式的区别就在于它在具体设计上有着明确的品目特征。例如猎装式，其款式的变化就非常繁多，有短袖和长袖之分，翻领可大可小，口袋上可加袋盖、嵌条或大褶裥，有无肩袢均可，背部腰节处一般加腰带（略束腰），下摆有左右开衩的、有在后摆中缝开衩的，也有不开衩的。再如西部装式，一种具有牧场风味的衣着，宽边帽、紧身衣、窄腿裤，是人们对美国西部牧童和牛仔们的大致印象，其款式有牛仔裤、牛仔衫等，仅牛仔裤一项就有几十种甚至上百种的款式变化。从款式构成看，造型要素中不同意义的点、线、面所组合起来的形态意义肯定是大不相同的，它们的性格将直接关联着、决定着衣服的基本性格。以线、面为例，垂直线有崇高和庄严感，水平线有安定和平稳感，波浪状曲线有轻快和流动感，斜线有运动感和不稳定感。长方形、方形静止而庄重，三角形活泼而积极，圆形柔和而松弛。当一件衣服的外部轮廓线和结构线的线性与色彩的色性（包括色彩的暗示与联想）有机地结合在一起时，即形和色的语言表达一致或接近一致时，所反映的主题和装式才易明晰，效果才最强烈，视觉和心理也才最舒服。

　　服装上所谓的美感，首先应是让看的人感到悦目和愉快，因为顺眼、高兴、爽快、舒适是大部分人在大部分时间内视觉和心理的基本要求，除非你一定要寻求不平衡感和刺激感。一般状况下，制服装式严紧而稳重，多用冷色和中明度偏低的色彩，忌飘而浮的色；高雅、端庄的套服尽量用柔和的含灰色，或白色或黑色，或咖啡色或藏蓝色，不宜使用高彩度色；睡衣的曲线随和、流畅，适合轻柔的高明度色；新潮服装的造型夸张，线条变化多端，色彩的选用应鲜明、艳丽些；海军军装的装式通常用白、蓝、红三色相配；乡村的装式多用棕色系列的色，充满了朴实和泥土的气息；民族和土风的装式常用强对比的纯色进行多色组合，突出而热烈；浅紫色用在高档精美的曲线女装中效果不俗；黑色、灰色、棕色、橄榄绿色适用于男性的服装，如猎装、夹克、风衣等，显得有力而内敛；女士过膝长筒裙，拘谨但文雅、秀美，用各种灰调子色和深色均可；超短裙活泼而健康，可配以相应的高彩度色；松身、多褶、下垂的服装自由而洒脱，颇具古希腊装束之美，色彩最好用白色或自然色（如茶色、棕色、原木色、土色、石色、水色等）与之相配……另外，在服装颜色与装式、款式之间的作用中，不能排除衣服本身的实用功能对色彩所产生的影响（图4-14）。

图4-14　服装色彩与装式、款式（张欣-2009级）

第三节　服装色彩与服装风格

服装风格指着装的整体效果及其显示出来的某种气质、情调，它是由款式造型、色彩、面料（质地与图案）、配饰等综合因素构成的，色彩在其中起着举足轻重的作用。服装设计中运用色彩和色彩组合的表现力，再配以恰当的服装装式与款式，力求做到"以色传神，以色抒情，以色写意"，传达出特定的色彩情怀。然而，社会的发展、生活方式的改变直接关联着风格的变化与流行，服装的风格也在不断地深化着和细分着，风格间的交融也在丰富着彼此。这里描述的是一些被大家共识了的典型色彩风格，供大家参考。

1. 古典风格

古典风格通常指那些气质优雅而稳重的、做工精良的服饰类型，这类服装的款式都带有传统特色，如细腰、宽裙摆、长裙，讲究工艺和材质，与之相配的皮鞋、皮包和饰品都很得体。

此风格的色彩多用常用色和暗色，如无彩色、褐色系列以及灰色、深蓝色、酒红色、深紫色等；一套服装中强调明度间的对比与秩序，色相数少，色调充满了高贵、典雅、神秘之感，颇具西方风味（图4-15）。

2. 民族、民间风格

对于民族、民间风格来说，从大的方面讲是强调不同国度的异域情调，从小的方面说是对民间传统着装风格以及各少数民族装束与色彩的学习和借鉴。例如，法国人喜欢红、蓝、白三色（法国国旗的颜色）；美国人喜爱鲜蓝色、鲜红色、褐色；德国人喜爱淡粉红色或偏紫的粉红色等；印度人喜欢浓艳的颜色；日本人钟情于素色；东南亚国家喜欢金色。根植于每个国家的民间色彩也是不容忽视的，比如中国的苗族刺绣、黎族织锦等。民族、民间风格的色彩体现常常是以服饰物品的变化为主，如腰带、围裙、头巾、帽子和挂饰等，给人以新奇之感；那些有图案的、有工艺装饰的服装面料常常充满了此类风格特征。近些年一直流行的波希米亚风格就是民族、民间服装风格的一个最好实例（图4-16）。

3. 中国风格

中国风格指以中国元素为表现形式、以今天的审美和工艺为准则的现代服饰类别，它建立在中国传统文化基础之上，很受当今东、西方设计师的青睐。从款型上看，旗袍结构、宽松的廓型、中式立领、盘扣、道袍领等；从面料和工艺上看，丝绸、棉麻、图案装饰、镶边绲边、刺绣等；色彩方面有两个较为明显的调性，一是艳丽、厚重，如大红色、砖红色、橘红色、金黄色、中黄色、翠绿色、靛蓝色、群青色、青莲色、金银色等，常见的组合有红色与黄色、红色与黑色、红色与绿色，它们色性明确，"爱""憎"分明；另一个是宁静、平和，如白色、麻色、水泥色、泥土色、原木色和棕色，色彩组合多为白色与黑色、白色与灰色、米色与棕色，它们色性模糊，反映出一种东方式的内敛与混沌。近些年，无论是在

图4-15 风格化色彩组合——古典风格
（何方-2006级）

图4-16 风格化色彩组合——民族、
民间风格（陈雪菲-1994级）

国际服装舞台上，还是在国内服装市场上，蕴含中国元素的服装设计作品和服饰品牌如雨后的春笋，它们中西结合，有的强调传统的工艺感，有的凸显东方的意境，都不乏艺术的气息。随着大家对传统文化的关注与学习，传统色彩会越来越多地进入我们的视野，如青花瓷的蓝白两色、太极的黑白两色、明式家具的棕色、古画中的绢色与朱砂色、敦煌壁画的石青色石绿色与土红色等，都在逐渐地被大家认知和喜爱（图4-17）。

图4-17　风格化色彩组合：中国风格（马思卉-2019级）

4. 都市风格

都市风格常运用于端庄、大方的都市日常装束，它不同于礼服，但比便装又严谨。它面料考究，做工精良，款式以套装、连衣裙为多；色彩以各种中性的含灰色或低明度的深色、利落的白色和黑色为配色基调，优雅、明快，充满了理性与秩序之美；配饰间的色彩多为类似关系。极简风格是当下深受年轻人追捧的一类都市风格服饰，造型简洁、清爽，以一些基本款式的搭配组合为主，色彩平实，凸显现代都市人的干练与时尚（图4-18）。

图4-18　风格化色彩组合——都市风格（于洋-2009级）

5. 田园风格

田园风格的服装自然、朴素，多采用自然色调，如米色、茶色、土棕色、驼色、原野绿色、水色和石色等，加上朴实艳丽的小花草图案，构成了一幅浪漫、田园诗般的画面。这类服装造型比较粗犷，多为宽松的、多褶的、层次感强的、有花边装饰的款式，常伴有印花、绣花和钩针等工艺，手工感强，穿着舒适，体现了一种朴拙的美。近年来，出现了一批都市田园风格、森系风格的服饰类型，款型丰富、浪漫，色彩雅致、灵动，气质洒脱，无拘无束，更强调一种"自然"与"自我"的关系（图4-19）。

图4-19　风格化色彩组合——田园风格

（李靖琛-2006级）

6. 运动风格

运动风格是兼具专业功能性和自由舒适功能性合二为一的服饰类型，普遍适用于各个年龄段，服装多为简洁、活泼和具有运动感的款式，包括运动感的鞋、帽和包等，在此风格中都是关键。应该说，只要不是很正式的场合，这类服装似乎都可以穿着，一件T恤、一双运动鞋，立刻能让人的心情放松下来。色彩上多是明丽而轻快的色调，如白色、粉彩色、高彩度的红色、黄色、蓝色和绿色，其中白色或浅米色是不可或缺的颜色，一是它自身的明快感，二是它更易于与别的颜色形成色彩间的对比，从而达到使人轻松的效果和目的。近些年全民对运动和健身的热衷极大地推动了运动风格的服装发展（图4-20）。

7. 街头风格

街头风格泛指那些随意的带有强烈反叛色彩的服饰类型，如朋克风格、嘻哈风

图4-20　风格化色彩组合——运动风格

（周诗卉-2010级）

格等，款型上的"超大尺寸"，奇特的配饰和装饰，大胆的颜色，对比的材质，加上不成熟气质的涂鸦、文字和金属等要素的视觉冲击，使此类服装呈现一种讽刺性的、松散的和新潮的风格特征。酷，是它的目标，可以用年轻、运动、节奏、力量、滑板、街舞、音乐、混搭和标新立异等词汇来描绘和感受这样一群人和这样一类服饰。黑色在其中充当着主要角色，黑色与红色，黑色与黄色，黑色、白色与红色，反差中隐含着蔑视，不拘一格中表达着对传统时装和审美的挑战和创造（图4-21）。

图4-21 风格化色彩组合——"东京原宿"街头风格

（千缨子-2014级）

8. 男装风格

男装风格指颇具男人气质的服饰类型，象猎装、夹克、风衣、裤子和西服套装等，服饰中多有领带、三接头皮鞋、礼帽、鸭舌帽和公文包等；服装色彩倾向于深而灰一点的色调，如黑色、灰色、棕色、藏蓝色和橄榄绿色，显得有力而内在，表现出一种稳健、帅气的阳刚之美。

9. 淑女风格

淑女风格属于一种充满女人味的服饰类型，一方面指清新、自然、甜美的小女生（小女人）着装风格，款式简洁而时尚，常常伴有亮丽柔和的高明度色彩；另一方面是体现端庄、贤淑、成熟女人的着装风格，款式精致而优雅，色彩多用含有色感的各种灰调子色或深色，以表现女性的文静与温柔（图4-22）。

图4-22 风格化色彩组合——淑女风格

（朱简-2009级）

10. 中性风格

中性风格指无显著性别特征的一种服饰类型，无论是女装还是男装，近些年一直在流行。此风格简约而时尚，款式和造型都比较整体，男装的庄重和女装的温柔兼而有之；色彩上常用黑、灰、白、金、银与一些低彩度的中性色，其装束显现出一种轻松、得体的知性感。中性风格的魅力就在于它性别上的暧昧，度的把控最为关键（图4-23）。

11. 军装风格

军装风格指服装中具有军服元素的一类服饰设计，如军服中的肩章、盖式贴口袋、金属纽扣、军装腰带、绶带、橄榄绿、迷彩图案、军帽和飞行服等，是一代代设计师汲取的灵感；军服的绿色、藏青、棕色、灰蓝色使此风格充满了帅气与洒脱。军装风格线条挺括、节奏明确，在女装中会给女性增添果敢、英气的意味，在男装中会给男性增添冷峻、威严并豪放的气质（图4-24）。

图4-23　风格化色彩组合——中性风格

（许诺-2008级）

图4-24　风格化色彩组合——军装风格

（田丹露-2008级）

12. 前卫风格

前卫风格属于一种总是处于流行趋势前列的服饰类型，是服装流行的"晴雨表"。其风格没有固定的形式，造型夸张，反常规，解构，线条变化多端；多用时髦新颖的面辅料，如真皮、仿皮、涂层面料、金属等；色彩的选用或强烈艳丽，或黑白相对。此风格给人总的感觉是年轻、新奇、时髦和怪异，刚柔并济，个性张扬，凸显自我，冷峻中有一种超现实的平衡感，给穿着者以思想、特立独行的印象（图4-25）。

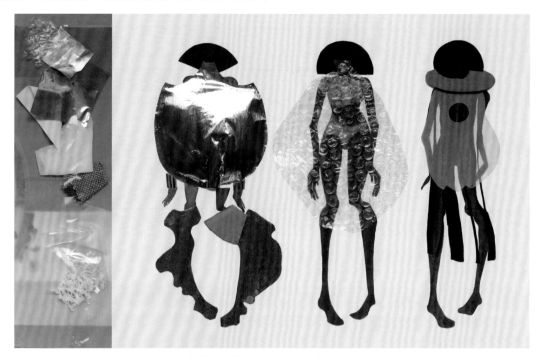

图4-25 风格化色彩组合——前卫风格（冯叶-2015级）

　　设计中，通过把控、调整色彩的关系和意义，再与服装款式、肌理、图案、鞋、帽、包、首饰等有机的结合，不失为一个好的设计方法。一旦你的设计在款型上有些许的不理想，这时可以加大色彩语言的展现，给设计以弥补。色彩要素常常要担当起"调节员"的作用。

　　这里应该强调的是，以上阐述的风格更多是共性的理解；一个风格之所以能形成，它一定是或多或少的集中了大部分人对一个事物的认知和看法，我们不能不重视，也不能太过于重视，因为万事都在动态中。随着我们对色彩的学习和掌握，随着我们对生活的体验以及成长，对色彩的理解会慢慢加入个人的情感与感受，这也是我们应该追求的。

思考题

1. 色彩、材料与肌理的关系?
2. 色彩与图案的关系?
3. 色彩与款型的关系?

练习题

1. 材质与色彩的协调（习题4-1-1～习题4-1-48）

● 要求和方法：

颜料、工具不限：画面需附面料小样。

（1）相同（或类似）颜色的不同质感：有这样一套服装，白色棉麻连衣裙，手编短款白线网眼外衣，白色的皮凉鞋、皮包，白色草编帽，全身统一在一个颜色或类似的颜色里，只强调材质的变化与肌理的美。练习中，尽量拉大质感的距离。此练习可与单纯化原理合并为一张作业（习题4-1-1～习题4-1-8）。

（2）不同颜色的不同质感：这是一种既要考虑颜色的关系又要考虑质感变化的作业练习，两者之间成协调关系、还是对比关系，这要看服装的用途和设计目的，并无一定法则（习题4-1-9～习题4-1-28）。

（3）花纹面料的色彩配置：利用配色原理中的"关联"原理，花纹面料最好与单色面料相搭配，可以以花纹面料为主配少许单色，也可以单色面料为主配一部分花色。总之，服装从头到脚、从里到外不宜全用花纹面料。一身服装有时也会用两种或三种花纹面料来设计，但要对花纹有所限制，如纹样类似、底色不同；纹样相同、不同配色；纹样与色彩相同，纹样大小不同等。选用花纹面料时，一定要注意花纹的表情、色的表情与服装的风格相一致（习题4-1-29～习题4-1-45）。

（4）利用各种材料绘制、拼贴服色设计图：利用各种可能的材料和表现技巧：用各种纸张、颜料、绘制工具来表现面料的色彩肌理，用各种画报、色纸、面料等拼贴服装色彩画面（习题4-1-46～习题4-1-48）。

2. 风格化色彩组合练习(图4-2-1～习题4-2-9)

在各种风格化色彩组合训练中选择，书中讲到的或者是没提到的均可练习。

● 要求和方法：

强调款型、材质与色彩情感的协调。

习题4-1-1 相同颜色的不同质感

（王一帆-2010级）

习题4-1-2 相同颜色的不同质感

（郭妙如-2010级）

习题4-1-3 相同颜色的不同质感

（金浚辰-2008级）

习题4-1-4 相同颜色的不同质感

（肖敬-2010级）

习题4-1-5　类似颜色的不同质感

（南孝枝-2006级）

习题4-1-6　类似颜色的不同质感

（许诺-2008级）

习题4-1-7　类似颜色的不同质感（郭妙如-2010级）

习题4-1-8　相同颜色的不同质感（左）与不同颜色的不同质感（中、右）（张欣-2009级）

习题4-1-9　不同颜色的不同
质感（金秀嫔-2010级）

习题4-1-10　不同颜色的不同
质感（陈亦舒-2010级）

习题4-1-11　不同颜色的不同
质感（郭妙如-2010级）

习题4-1-12　不同颜色的不同质感（郭妙如-2010级）

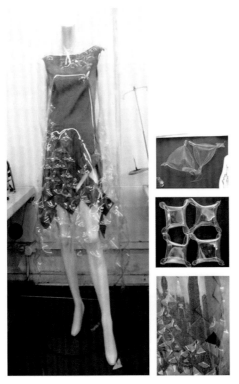

习题4-1-13　不同颜色的不同质感

（易春兰-2001级）

习题4-1-14　不同颜色的不同质感

（李抒航-2008级）

习题4-1-15 不同
颜色的不同质感
（王楠-2007级）

习题4-1-16 不同颜色的不同质感
（李翔宇-2009级）

习题4-1-17 不同颜色的不同质感
（杜树贤-1994级）

习题4-1-18 不同颜色的不同质感
（刘烨-2007级）

习题4-1-19 不同颜色的不同质感
（陈思荆-2006级）

习题4-1-20　不同颜色的不同质感

（夏鑫-2006级）

习题4-1-21　不同颜色的不同质感

（陆轶月-1995级）

习题4-1-22　不同颜色的不同质感

（聂旭颖-1994级）

习题4-1-23　不同颜色的不同质感

（朱雯-2009级）

习题4-1-24　不同颜色的不同质感

（李楠慧-2009级）

习题4-1-25　不同颜色的不同质感

（吴栩茵-2005级）

习题4-1-26　不同颜色的不同质感（许诺-2008级）

习题4-1-27　不同颜色的不同质感（陈君峯-1992级）

习题4-1-28 不同颜色的不同质感（蔺明净－2008级）

习题4-1-29 花纹面料的色彩配置

（张帆－2008级）

习题4-1-30 花纹面料的色彩配置

（邓甜甜－2010级）

习题4-1-31　花纹面料的色彩配置

（薛娜-1996级）

习题4-1-32　花纹面料的色彩配置

（任彬花-1994级）

习题4-1-33　花纹面料的色彩配置

（张牧-2005级）

习题4-1-34　花纹面料的色彩配置

（叶洁露-2007级）

4-1-35　花纹面料的色彩配置　　　　习题4-1-36　花纹面料的色彩　　　　习题4-1-37　花纹面料的色彩

（杨璐–2007级）　　　　　　　　配置（赵月–2006级）　　　　　　配置（李燕懿–2007级）

习题4-1-38　花纹面料的色彩配置（李囿珍–2008级）　　　习题4-1-39　花纹面料的色彩配置（芦子微–2009级）

习题4-1-40 花纹面料的色彩配置

（杜文-1993级）

习题4-1-41 花纹面料的色彩配置

（王文祺-2011级）

习题4-1-42 花纹面料的色彩配置

（肖榕-2011级）

习题4-1-43 花纹面料的色彩配置

（王艺婷-2005级）

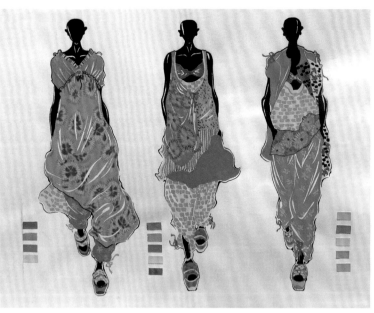

习题4-1-44　花纹面料的色彩配置

（朱红媛-1994级）

习题4-1-45　花纹面料的色彩配置

（芦子微-2009级）

习题4-1-46　纸贴服色表现（高婴-1996级）

习题4-1-47　纸贴服色表现（高婴-1996级）

习题4-1-48 布贴、纸贴服色表现

（王予涵-2009级）

习题4-2-1 风格化色彩组合——民族、民间风格

（冯叶-2015级）

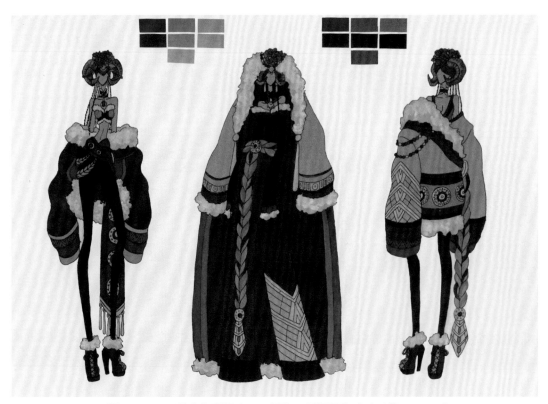

习题4-2-2 风格化色彩组合——民族、民间风格（周悦莲-2016级）

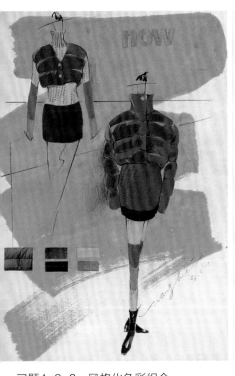

习题4-2-3　风格化色彩组合——

运动休闲风格（王辉–1994级）

习题4-2-4　风格化色彩组合——田园风格

（孟洋–2013级）

习题4-2-5　风格化色彩组合——

校园风格（孙丽明–1997级）

习题4-2-6　风格化色彩组合——少女风格

（冯晨清–1997级）

习题4-2-7　风格化色彩组合——街头风格（杨思容-2013级）

习题4-2-8　风格化色彩组合——
骑士风格（孔潇睿-2008级）

习题4-2-9　风格化色彩组合——混搭风格
（孔潇睿-2008级）

理论兼实践

第五章　服装色彩的设计方法

课题名称： 服装色彩的设计方法

课题内容： 从（整体）概念到（局部）要素

从（局部）要素到（整体）概念

从色彩入手开始设计

服装色彩的整体协调

服装色彩的系列设计

课题时间： 8课时

教学目的： 了解服装色彩设计的一般性方法，学习"设计从色彩开始"的设计新方法；通过服饰品色彩和色彩系列设计方法的学习，关注越来越重要的服饰品地位，加深服装色彩整体设计的概念。

教学要求： 1. 加大对设计概念的解读能力。

2. 强化服饰品的色彩设计能力。

3. 提高服装色彩的整体把控能力。

课前准备： 阅读一些概念艺术、概念设计的作品；了解服饰品的流行。

服装色彩的设计方法

　　一般讲，服装设计有着三大要素：造型、色彩、材质。但就今天的服装设计而言，这三个要素已显得远远不够。一方面，应该加上"肌理"，成为四大要素；另一方面，作为设计灵感的"设计概念"要提升到一定的高度，尽管它不包含在具体的设计要素中，但它是造型、色彩、材质和肌理等一切活动的指导思想，是统领设计活动的概念和方针。概念的新或旧、有趣或无趣，直接关系到作品的成败。以前，肌理是包含在材质要素之中的，而今它的地位已大不相同。首先，技术的发展带来丰富的视觉；另外，便是设计师们大胆的创造。现在我们谈论肌理，就像谈论形与色一样重要且普遍。

　　在诸要素中，概念属于精神范畴，其他四方面属于物质范畴。概念是虚的，它需要物质的东西去建立，而技术则是这些要素最有力的保障（图5-1）。

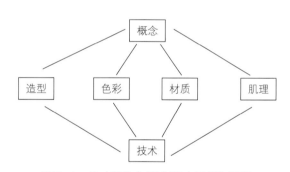

图5-1　从（整体）概念到（局部）要素

第一节　从（整体）概念到（局部）要素

　　在服装设计中，概念是设计师的人生哲学，是设计师的创作灵感与追求，是一个企业的文化，是一个季节的产品口号，也是对具体作品和产品的的整体设想，即创作、设计前所拥有的特定要求和设计中贯穿始终的宗旨。也就是说，一套较为完美的服装作品，从它的颜色确定，到款式造型、面料、配饰的选用等都是围绕着一个中心来思索的，一切要素都服从概念并为概念服务。这里我们不妨称其为"概念先于要素"模式。在设计过程中，它规范了设计者的创作过程与思路；对于观者来说，概念还起到一种"导购"作用，它使观赏者顺利地进入设计者预设的心理气氛，在欣赏作品过程中与设计者达到共鸣。

服装作品的概念有哪些呢？它的确立可大可小；可以是抽象的概念，也可以是具体的物象；可以惊天动地，也可以平淡如水；可以是纯文化艺术式的，也可以是纯实用的。一个概念可衍生出不同的主题。日本著名设计师小筱顺子，1985年在我国举办过她的时装展示会，概念为"宇宙"，可谓是个大的主题。以"宇宙"命名，设计者为自己设置了一个可进可退、亦古亦今、时间与空间都具有无限弹性的"空筐"结构，可以在其中纵横驰骋，任意挥洒。另外，由于科学发展水平的局限，人们对于宇宙的认识仍十分有限，因此以"宇宙"命名也为设计者作品的随意性与弥漫性提供了可能。这台表演中怪诞的款式、新奇的面料、大量金属材料的配饰也因此显得与主题丝丝入扣、合情合理。全场展示的作品均采用低明度的冷色调，如黑色、深灰色、银灰色、铁青色、暗红色等，为避免产生压抑感，表演台后侧采用大红背景烘托，同整场表演中令人眼花缭乱、变幻莫测的款式、面料相比，色彩变化相对稳定。正是在这种冷色调的主宰下，表演始终笼罩着神秘、庄重的气氛。1995年"兄弟杯"一等奖获奖作品"花生恋"，是一个小而浪漫的主题。其色彩运用了褐色、橄榄绿色，与朴实无华、清新可爱的题材结合得非常完美。在1993年"兄弟杯"大赛中，许多青年设计师的作品都有着独特的立意，像"不倒的长城"（主调是红色与黑色）、"鼎盛时期"（雍容华贵的多色相配）、"知青部落"（黑色调）、"风雪夜归"（灰蓝色与白色）、"雨打芭蕉"（绿色调）等，有的体现民族精神，有的极富传统文化，有的表达了地理人文，有的则表现为文学味很浓的、声色相依的美好意境和情调。

这里，以2014清华大学美术学院服装专业毕业生董昳云的作品为例，对从整体到局部的方法进行具体讲解。作品名为《自画像》，灵感来自墨西哥女画家弗里达·卡罗的绘画作品，画中色彩充满了浓郁的墨西哥气息，那皮肤、大地的橘红色，弗里达旧舍房子的藏蓝色，都是提取的主要颜色。作者想通过颜色的对比，将人物矛盾而张扬的个性体现在自己的服装设计中。接下来提取设计要素、小样实验、草图、样衣、面料制作等工作都是在大的概念下进行的；作品在不同的材质上尝试刺绣、补绣、压皱和立体三角等工艺，通过富有压抑感的大廓型、浓郁的色彩对比和一些富有象征意义的符号图案，传达了一种坚强和诙谐（图5-2）。

（a）

图5-2

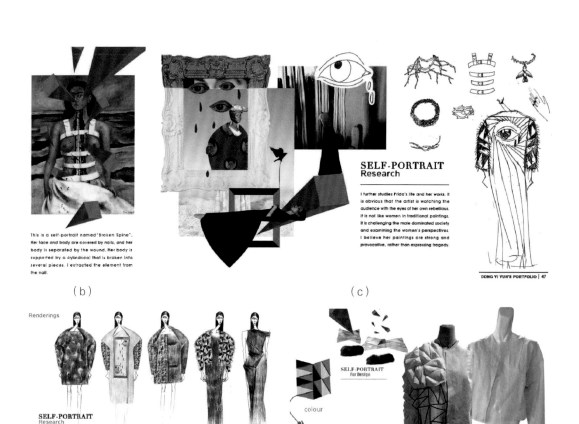

This is a self-portrait named "Broken Spine".
Her face and body are covered by nails, and her
body is separated by the wound. Her body is
supported by a cylindrical that is broken into
several pieces. I extracted the element from
the nail.

（b）

（c）

SELF-PORTRAIT
Research

I further studies Frida's life and her works. It
is obvious that the artist is watching the
audience with the eyes of her own rebellious.
It is not women in traditional paintings.
It is challenging the male dominated society
and examining the women's perspectives.
I believe her paintings are strong and
provocative, rather than expressing tragedy.

DONG YI YUN'S PORTFOLIO | 47

SELF-PORTRAIT
Research

（d）

SELF-PORTRAIT
Fur Design

colour

strip of fur

（e）

（f）

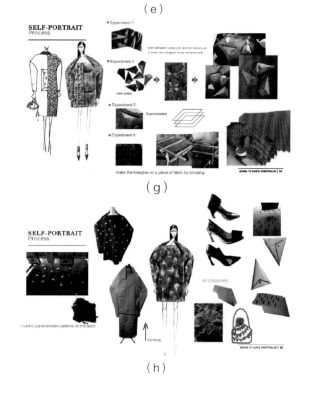

SELF-PORTRAIT
Process

（g）

SELF-PORTRAIT
Process

（h）

图5-2 从整体到局部——《自画像》（董昳云-2010级）

一个概念的实现还需许多具体的工作和部分来完成。例如，"环保"概念的服装设计，是环保面料的运用，是一衣多穿，还是旧衣服的再利用？如果是旧衣再造，那是哪一类的旧衣？用这类旧衣的意义？再造后的衣服是什么风格？是女装还是男装？是便装还是舞台服装？是春夏服装、还是秋冬服装？原有的服装材料是否需要加工？如何与当下的流行结合……这些围绕概念的种种问题和要求，是构思阶段必须要考虑的条件和因素，也是服装的形、色、面料、工艺等具体化的可靠依据。最后，只有当你的作品在款型各个部位的协调处理上、色彩整体的搭配上、面料和工艺的选择加工上都与概念相符合时，你的设计才算圆满完成。

第二节　从（局部）要素到（整体）概念

如果说"从（整体）概念到（局部）要素"属于从大到小的构思设计方法的话，那么这部分内容正好与此相反，属于从小到大的构思设计方法。此方法不像第一种有一个明确的主题，事先对最后的结果有一个整体的设想。而这种方法往往只是从一个局部出发，如一块新颖的面料、一个主观色调、一个结构特别的植物、一幅动人的绘画、一个别致的首饰，或者是某块精彩的图案，以此为出发点，将这一局部的意义和特征扩大化，形成新的概念点，使其他要素与之相适应，逐渐扩展出全部。我们不妨称其为"要素先于概念"模式。这里，局部成了设计师灵感的发源地，也是设计初期唯一的条件和要求。

一块好的面料往往能给设计师带来创作的激情，给观赏者带来消费的欲望。因此，对于许多女性和设计师而言，逛商场、购买料子可说是一大嗜好。从面料这一局部特征开始考虑、入手，经过精心策划、因势利导，逐步调节料子与之关联的其他造型、配色等要素，使部分与部分、部分与整体之间达到相互呼应，从而构成一个完整的、有时甚至是意想不到的崭新的服装形象。就一块料子的色彩而言，首先要分析它的色性，是冷色系的色、还是暖色系的色，是红色调、还是橙色调，是蓝灰色、还是灰蓝色，是素色料、还是花色料等问题，这将对整体色彩的发展起着指导性和决定性的意义。假如面料的色彩是乳白色，那么设想一下服装最后的效果，是柔和的高短调，是强烈的高长调，还是不强不弱的高中调，不同的明度调子决定着用以搭配的色彩的深或浅。乳白色略偏暖味，要想获得高短调的效果，可与浅黄、浅驼、浅茶等色彩组合；乳白色与中明度的土黄、驼、豆沙、橄榄绿等相配可得到高中调效果；若要反差大的高长调，就要与低明度的咖啡、棕、藏蓝等色彩相配。如果摆在你面前的是花色料子，其搭配色可直接从花色中提取，一个色或两个色都可；另外，还可根据花色色组的基本调子倾向选择搭配色。

以上谈的是面料。实际上，很多时候还会有这样的现象，如有一件称心的短裙，需配一件合适的上衣和一双鞋；有时，一个新颖的领型、一个别出心裁的首饰，立即会使人们联想到与之协调的服装造型及色彩风格。这些由局部到整体的设计方法，是我们平常最易接触到的、较为普遍的设计手段。

应该说，以上两种方法无论是哪一种，其"整体"观念的树立都是极为重要的。第一种如没有整体的设想，局部就无从下手；第二种如没有整体的观念，局部也无方向发展。俗话说："远看颜色近看花"，对于一套服装来讲，一个好的色彩气氛是最易给人留下整体感觉的，尽管有的局部设计并不十分理想，但在这种大的色彩环境中也就不太引人注意了。

第三节　从色彩入手开始设计

本节探讨的以色彩作为服装设计的出发点属于从（局部）要素到（整体）概念的设计方法。这里，以色彩的意义和情感为龙头，从而调动和发展其造型、材料、肌理的意义与运用，最终形成理想的设计作品。设计从色彩开始，强调的是视觉语言中的色彩要素，其作品能够较强地表达出以色彩意义为主的设计特征（图5-3）。

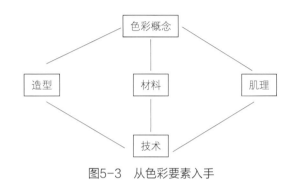

图5-3　从色彩要素入手

一、"从色彩入手开始设计"的理论依据

1. 人是感性的、直觉的

每个人都有自己的头脑，但大脑作为一种特殊物质，却有着自己的特性，有它的活动规律。我们常常会感叹一些一瞬间的判断，会在不知不觉中被一些漂亮的色彩所吸引。有趣的是，这些情况的发生往往连我们自己都无法知道和控制。金开诚在《文艺心理学概论》中告诉我们："人对客观世界的反映和认识，总是从感觉开始的；感觉虽是最简单的心理过程，然而却是个体感知外界信息的唯一通道。"赖琼琦在《设计的色彩心理》中提及："适当的刺激由对应的感觉受容器感觉后，在大脑各中枢形成视觉、听觉、嗅觉、味觉、触觉等不同知觉，借此认知外界。"人类属于情感性动物。有人也许会提出疑问：人类在众多的动物群中是最高级的，他也应该算是理性最强的物种啊！是的，理性也是人类的一大特点，理性也是人类进步的必然。我们不断地研究技术、制造产品，是为了人类今天更好的生存；我们积极地开发科技、探索宇宙，是为了人类的明天更美好。想想看，这些理性的、科学的活动最终还不是为了人类更高一级情感上的需求吗？！感性—理性—感性，这是人类社会发展的必然。理性服务于感性这一点是不容置疑的。

今天强调"以人为本"的设计就是要返璞归真，求自然，讲人性，以满足人们情感上的最高需求。这也应是设计和商业的最高标准。例如，服装设计行业中强调天然纤维的应用，高级时装的定制，少批量、多品种的市场定位，温馨的卖场设计，周到的售后服务，流行趋势预测行业的兴起与被关注等，都是对人类情感的最好关照。

"感性心理活动对客观事物的反映具有直接性，也就是说它离不开客观事物的外在形象、外部联系在人的主观意识中的直接反映（无论是感觉、知觉或记忆表象都是如此）。"一般情况下，直接性的东西很容易感受到，能够被感受到的东西往往也是最可靠的。当然，感性的心理活动也是易变的，这也正是它的有趣之处。

2. 色彩是情感性的、直觉的

在人类的各种感觉中，"视觉为最优位的感觉。其次为听觉"。难怪大部分艺术如美术、设计、音乐都与视觉和听觉有关。可以说，眼睛是人类最重要的感觉器官。

人类喜欢光亮，有光才有视觉。有光才有了我们眼中的世界。大自然是美的，人类创造的物质世界更是丰富多彩。例如，蓝天、白云、青山、绿水、红太阳、黄柠檬、金首饰、银餐具、黑色的电器、灰色的大楼、粉色的衣装、橙色的标志等。试想，在一片漆黑的夜里或暗室里，再好看的颜色也会失去它的魅力。我们也很难想象，如果我们周围都统一在一种色彩里，那还有什么视觉可言？因此，有光才有色，有色才看到形的道理是十分清楚的。台湾色彩学家赖琼琦先生在他的著作《设计的色彩心理》中也提及："视觉由形、色认识外界，其中色彩的刺激又比形状更直接。"

中国有句俗话：远看颜色，近看花。意思是一个物体在远处是很难被看清楚的，但你能看到和感受到它的色彩；要想看到它的细节，必须近距离观赏。也就是说，一个物体首先映入眼帘的是色彩要素，尽管这个要素属于局部的。此俗语表达了一个重要概念，那就是在视觉要素中，色彩要素是第一性的。在设计的各要素中，只有色彩有这样的特质，有这样的威力。然而，色彩又是最感性的。这是因为色彩的获得会受到许多因素的影响，首先是光的变化，其次是色距离、色环境的不同，还有人的因素如视觉是否正常、情绪的高低、文化背景及教育程度等，都可能使人对一个颜色的感受和认知产生影响。颜色的正确与否是建立在相对关系上的。

在诸多的设计语言中，色彩语言最容易传达心情和感觉，也最容易与人沟通。例如，我们通常形容色彩时有冷色和暖色，这种形容与人体皮肤对外界温度高低的体验是一致的，很易表述。色彩的这种表情性比形体要强烈的多。阿恩海姆在《艺术与视知觉》中说："说到表情作用，色彩却又胜过形状一筹，那落日的余晖以及地中海的碧蓝色彩所传达的表情，恐怕是任何确定的形状也望尘莫及的。""作为快感之源，色彩的力量是众所周知的。很多人，包括著名的画家和艺术批评家都说，在某些绘画中，人们感受最多的是色彩美，例如凡·高或丢纳的作品。即使是没有图案的墙纸上的色彩，也可以使人从中得到快感，并被称之为'美'。"色彩的感觉可以说是一般美感中最大众化的表现。

在作者多年的色彩教学和研究中，有一点是可以肯定的，色彩在很多人的生活中起着不可替代的作用。例如，购买服装时是先看色，还是先看款，还是先关心质量问题，应该说是仁者见仁，智者见智，但每次被问到的人群选择"先看色"的人数总是超过50%。另外，在学生做设计寻找灵感时，大部分学生认为其中色彩的影响力占80%左右。对于这一点，我想每个人都会有自己的体会。

情感往往是人们行动的良好促动力。无论是设计师还是消费者，都无一例外地需要来自色彩的打动与感染。在今天的生活中，色彩也确实在扮演着它前所未有的作用。应该说，从色彩入手进行设计符合人类的本质。

二、分析与比较

这里的分析与比较并没有"褒"或"贬"的含义，只是客观地表述一些设计要素的特点以及探讨一下不同设计方法的优势，试图传达一种"设计从色彩开始"的设计新概念。

1. 服装设计从色彩出发

（1）整体性与控制性：西方人的所谓"远看森林，近看树"与中国人的"远看颜色，近看花"不谋而合。这是人类多年来生活经验的结晶。它强调了一个事实，当我们在一定距离之外还没搞清楚对象的细节时，可以对它的整体先有一个认知，而这个认知一般是通过大的色彩感觉获得的。

色彩本身具有独特的审美性。首先是色彩的表情性，其次是色彩的联想性，再次是色彩的象征性。这些通过眼睛再传达到心理的色彩表象一旦被公众认可之后，就成为一种象征。色彩的表情意义、联想意义与象征意义可使色彩定义出许多概念。

在没有具体事物的情况下，我们可以通过色视觉、色描述、色联想、色象征来达到特定的情感传达。例如在漆黑的夜晚，什么东西也看不清，一切都笼罩在深蓝色下。这时是色彩，确切地说是深蓝色在充分地表述着事物，它用低沉、寒冷、恐惧传达着一切。假设一组服装选用了深蓝色调，即便它们的款式造型各异，但都会被特定的色彩气氛笼罩着。反过来，如果给一组本不协调的服装配上统一的色彩，服装立刻也会产生较好的整体感。一个设计的总体概念由色彩去传达似乎更容易控制。

以荷兰服装设计师维克多和罗尔夫（Viktor & Rolf）为例，他们是一个擅长玩弄色彩的二人组合。例如，他们的2001年秋季女装发布会，模特的出现像一个个黑色的"炮弹"，不光从上到下的服装是黑色的，就连面部、四肢的化妆也是黑色的，各种面料和肌理都统一在一个色调中；而在2002年的春季发布会上，他们则改用了白色；2002年秋季的发布会则是在蓝色调的支配下进行的。维克多和罗尔夫是以色彩开始设计、并在设计中强调色彩要素的杰出典范（图5-4~图5-6）。

（2）快捷与直觉：从色彩、形状、肌理三个要素来看，色彩是最先与观者发生关联的，也就是说，色彩印象往往是先于形状和肌理进入视觉的。这里，色彩要素的表达可以说是最直接、最快捷的。例如，我们评价一个设计是冷调时，人们的理解通常不会有太大的偏差；但如果说这个设计的造型比较冷峻，人们理解起来就不像色彩那么容易和准确了。作为设计师，色彩要素可以说是一件最简单的武器，它通俗、易懂，生活中无处不在。充分地运用色彩语言可以说是一个传达设计理念的快捷、便利的途径。

图5-4　色彩的整体性与控制性——维克多&罗尔夫2001秋季女装发布会

图5-5　色彩的整体性与控制性——维克多&罗尔夫2002春夏发布会

图5-6　色彩的整体性与控制性——维克多&罗尔夫2002秋季发布会

（3）宽泛性与随意性（易变性）：今天，从各类设计材质的色彩呈现上看，可以说丰富之至，尤其对有的设计门类来说可谓是应有尽有，如服装材料、建筑涂料、工业用漆等，从纯色到灰色，从冷色到暖色，从哑光到荧光，色彩的层次越分越细。新兴色彩材质的不断涌现，使得颜色的面貌越来越逐人心愿，即便是不满意，也会很容易地被更新的替换掉，如多变的手机彩壳、汽车美容。试想，要想变换一种产品造型，前期的模具开发是一个相当大的工程，也要投入相当的经费；如要变换一种新的衣服样式，原有的生产工序就要改变，工人们还要进行新一轮的培训。相比之下，变换色彩是一个最经济而有效的方法。色彩的这种宽泛性和随意性（或称易变性），也正是现在的消费者和许多商家所关注的。

2. 服装设计从形状开始

（1）具体的与局部的：服装是人体包装，它的功能十分具体，因此其限制也比较大，服装设计师是很难抛开人体结构而任意发挥的。服装形态由大大小小的形所组成，上衣、下衣、前身、后身、领型、袖型、袋型，甚至是扣子的形状，这些具体的、局部的形构成了服装最后整体的形。

如果用色彩要素表达一种气氛，我们通常只需从整体考虑就行。如果是用形状要素，恐怕考虑的因素往往就局部而具体了。例如，营造一个喜庆气氛，用色彩要素来营造只采用红色就可以了，单一的红色足以烘托全体；但如果用形的要素的话，一般会考虑到鲜花、气球等具体的、局部的物体，局部的东西往往要求它们的丰富性，以及它们与整体的关联。换句话说，局部的事物可以影响整体，但绝不能代替整体。

（2）逐渐的与理性的：再说服装设计中的线、形要素，它们的传达要比色彩要素的传达更间接，一方面，线、形所蕴涵的意义偏重理性（色彩偏感性）；另一方面，服装造型与结构的好坏需要近距离观察和穿着者的亲身体验，也就是说，款式的新颖不能只停留在图纸设计上，还要检验它在人体上的合理性和美感，因为服装是立体的艺术。对于服装形的设计需要更多的推敲、琢磨，其过程是逐渐的，偏重理性思维。

法国著名设计师皮尔·卡丹（Pierre Cardin）在服装造型方面总能令人耳目一新。他的"建筑风""太空时代"等服装造型大胆而夸张，颇具几何感，如1959年的气球型裙装、20世纪70年代的螺旋形晚礼服等。日本设计大师川久保玲（Rei Kawakubo）大胆地向传统的西方服饰美学原则挑战，强调服装的平面及空间构成。她以日本的和服为基础，借以层叠、悬垂、打褶和包裹等手段形成一种非固定结构的着装概念。西方的皮尔·卡丹、东方的川久保玲，都在服装造型的形体感上给人留下了深刻的印象。

3. 服装设计从材料、肌理出发

（1）复杂性与技术性：就服装面料而言，有多少种纤维，就有多少种肌理；同样的纤维也会有不同的肌理；不同纤维的混纺又造就出各异的肌理；手工纺织技术与机械纺织技术也给肌理带来的根本上的变化。普通消费者对这方面的关注往往容易停留在是什么材料上，远不如对色彩和款式的了解和把握。应该说，材料和肌理所含的信息量比较复杂和专业，不是非专业人士能知晓的。那些构造复杂、形态有趣的肌理表面，只有比较专业的人士才能了解它们并知道如何去选择和把握。

今天我们使用的大部分纤维、面料都是机械制造出来的，可以说，技术性和科学性也是肌理构成的一大特点，技术的高低直接影响着肌理的丰富与否。

（2）缓慢与回味：服装面料与肌理的传达通常需要面对面和亲手触摸，尽管通过视觉也能感受许多，但这是不全面的，手感或者说是肌肤感，对面料肌理而言才是最重要的。

对服装面料和肌理关注的人以及有要求的人，往往也是追求穿着品位的人。尽管肌理的感觉来得缓慢，传达的范围似乎也有局限，但它是"慢功品细茶"。一种新的肌理常使人爱不释手，肌理的变化与对比也常使人回味无穷。

开发材质与肌理，大胆使用新面料是众多日本设计师共同的特点。与欧洲高级时装设计师不同，日本设计师更喜欢研究技术给人工合成材料带来的各种可能性。以日本服装大师三宅一生（Isser Miyake）为例，新的材料就产生于他自己的工作室，褶皱布、土织布、日本宣纸，他不断开发着材料和肌理，同时也造就了他独特的服装造型与风格。三宅一生是从材料出发进行设计的典范。他研发的面料不但改变着服装，还深刻影响着人们对服装的审美观念。

三、总结

"从色彩入手开始设计"是一种从（局部）要素到（整体）概念的服装设计方法。使用这一方法的过程为：确定色彩概念，从色彩的意义为出发点（特定的色彩传达特定的情感和风格），从而决定造型、材质、肌理等一系列因素的使用，最终完成一个理想的设计。

色彩，作为设计的重要要素，一方面它最容易传达心情和感觉，最容易与人沟通；另一方面它对作品整体概念的表达和烘托也是最有力和最有效的。因此，服装设计从色彩开始是比较直接的，是一种更易于把握的设计方法。

四、设计案例

这是笔者在香港理工大学读书时的作品，从色彩概念的确立到染色实验，再到草图设计和服装的制作，全部过程都是在"设计从色彩开始"的理念指导下完成的（图5-7）。

1. 确立设计概念："绿"（图5-8）

绿色的中性品质、不缩不扩的气节令我折服。在它看似平和的背后蕴藏着强有力的生机。与黄色相比，绿色是坚实的，甚至是富有的；与红色相比，它是悠闲的；与蓝色相比，它是快活的。绿色不过分热情，也不刻意冷酷。由于是一个混合色，所以哪怕是有最轻淡的黄色或是蓝色，都会极大地影响到绿色的性质。

在我看来，绿色在实际运用中有着宽泛的、变调的可能性，而在情感上又有着极强的亲和力和包容性。绿色的线不过分曲、也不过分直；绿色的形丰满而平实。作品《绿》将展现一种朝气、丰富、融合的精神。

我们可以从两个方面来理解绿色：自
然色彩和表现色彩，并试图在作品中将两
者达到完美结合。

（1）自然色彩：绿色，是大自然的
色。我们周围的草地、树叶、苔藓都是绿
色的，它从浅到深、从冷到暖、从鲜到
浊，在四季中有着极其丰富的变化。自然
生态有着它生与死的规律，"发芽期—成
长期—茁壮期—衰退期"，色彩在其中也
呈现出自然变化的规律，从黄色、黄绿
色、绿色、深绿色、赭绿色到褐色，循序
渐进，生生不息，从中体现一种连续的、
积极的人类生存状态。

作品中，笔者将在面料的处理上运用
色彩渐变的手法，表达一种变化的、自然
的、流畅的美。

（2）表现色彩：绿色，也是许多画家
所钟情的色。在他们的笔下，绿色变成了
一种表现世界和表达情感的符号，天空可
以是绿的，树叶可以是黑的。艺术家的眼
睛与普通人的眼睛有所不同。

图5-7　"绿"服装系列作品

图5-8　《绿》概念板

以法国后期印象派画家塞尚（Cézanne）的作品为例，他对绿色的运用达到了极其娴熟的地
步。不管是他的风景，还是人物、静物，都能感受到绿色的意义和魅力。他注重色彩的用笔，
强调画面的构图，力求整个画面从形状上、节奏上和色彩上融合一致。可以说，塞尚使色彩结
构的发展达到了逻辑的阶段。

作品中，笔者将通过色彩的搭配、款式细节的处理来表现一种人为的、创造性的美。

2.面料与实验

以色彩为出发点，色彩当然是最关键的问题。笔者在本系列作品中需要的色彩面料在市场
上是买不到的，必须自己染。因此，在设计草图、制作服装之前，选择面料、染色实验是一件
很重要的事情。

（1）面料选择：在绿色的支配下，笔者首先选定的是棉、麻材料，因为它们的质朴与绿色
相符。为了寻找色彩与面料的多种可能性，笔者还选择了丝绸和涤纶。属于棉材质的面料有豆
包布（两种）、府绸、弹力针织布、网眼布、棉细布；麻质地有亚麻布、土织萱麻布；真丝有
乔其纱、电力纺、绵绸、生丝绸、软缎；涤纶有珍珠纱、雪纺；另外，还有棉麻混纺布、棉涤

混纺布、丝棉混纺布。

希望最终设计的趣味落实在色彩的微妙变化上和肌理的对比上。

（2）染色过程。

① 小样实验。第一阶段的实验：色彩的基调定得比较漂亮，彩度偏高，色相偏冷；面料用的是涤纶珍珠纱和雪纺等。这一轮的小样令人很不满意，主要原因是华丽的材料与原本要体现的绿色感觉不符（图5-9）。

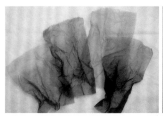

图5-9　第一阶段的实验

第二阶段的实验：最主要是绿色色性的调整，如果能降低一些绿色的彩度，可能更有利于色彩特性的发挥。所以，下面的实验尽管还是绿，但它的彩度降低了，色相也较之于以前偏暖了。把第一阶段的年轻、华丽和张扬的基调改变为成熟、朴实和含蓄的基调，这个改变给整个服装带来了更多的亲和力，也更接近于笔者对绿色的理解。在这一阶段，排除了化纤类面料，因为涤纶珍珠纱太硬，涤纶雪纺也不怎么上色，颜色不纯净。

实验的结果很有意思。在一个"绿"的概念下，有的透明，宛如青山绿水；有的细腻平整，似一望无际的草坪；有的粗细相间，好比烟雨中南国的翠竹；有的蓬松，很像林中的落叶；有的镂空，恰似岩石上星星点点的青苔；有的发光，好像洒在叶子上的光和影。这些肌理的聚合增加了绿色的丰富性。值得注意的是，色彩的冷暖感与面料肌理之间的内在联系，冷色与光滑的肌理感相符，暖色与粗糙的肌理感相符。这也正是为什么将绿色调整为暖色倾向的原因——饱满的肌理对应丰厚的绿色（图5-10）。

② 确定面料：经过多次实验，最后确定下来的面料是棉质地的豆包布、棉细布、泡泡纱、弹力针织布、网眼布；麻质地的粗、细亚麻布；混纺料有棉麻布；丝质地的有乔其纱、生丝绸。

棉质地的面料柔和、透气，非常适宜表现绿色的朴实与亲和性，如稀疏的豆包布、平整的棉细布、凹凸不平的泡泡纱、平滑的弹力布、透亮而粗糙的网眼布等。麻质地面料挺括、吸湿散湿散热、不粘身，很符合绿色给予我们的生命感以及坚强、茁壮、奉献的精神。丝质地的质感滑爽、轻薄、透明，如乔其纱透明、飘逸，最适合用来表达绿色的清新；生丝绸有适中的光泽，渗透着绿色那少有的华丽感，与整个面料的选用产生对比作用。

作品中棉麻料占80%以上，丝料占15%左右。除以上提到的肌理感外，还将通过有变化的染色、结构处理来达到节奏感、冷暖感、蓬松感和褶皱感的塑造（图5-11）。

③ 染大料：在前两次实验的基础上开始了大料的染色，染色工作在香港理工大学的实验室中进行。颜色与染料配方基本上遵循小样的实验，色彩渐变的控制是其中一个难点。作品中所有的面料都经过染色处理，构成了整个系列服装的特色之一（图5-12）。

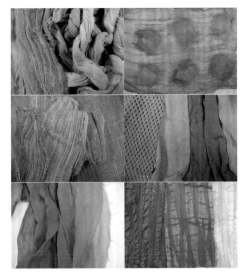

图5-10　第二阶段的实验　　　　　　　　图5-11　确定面料

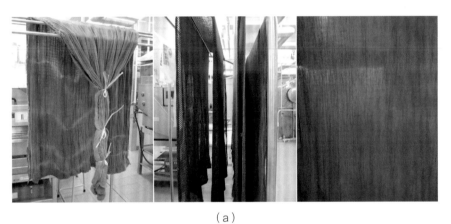

（a）

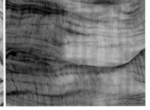

（b）

图5-12　染大料

3. 设计草图

从色彩概念出发，到确定面料，再到造型款式的设计，是此次作品设计过程所遵循的原则，从中受益匪浅。

（1）一定范围内的设计：第二阶段实验的颜色变灰了，材料也排除了那些张扬的纱和缎，那么造型设计也要相应地跟着变化。款式的考虑与实验是同时进行的。一百多张草图中有类似日本风格的，有乡村风格的，有军旅风格的，还有乞丐风格和时装风格的。日本风格主要从日本木式建筑的色彩、日本的茶道以及日本设计师突出表现面料美等方面来考虑；乡村风格主要从绿色的田园感受出发；军旅风格来自军人的军装、迷彩装和果敢的气质；乞丐风格主要是考虑到棕绿色所散发出的消极与懒散气息；绿色正好在那一两年的流行色行列中大行其道，所以它也具备时尚的气息。

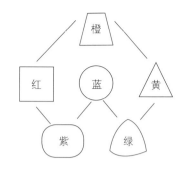

图5-13　色与形态的关系

（2）确定造型：随着实验的进展，造型和款式的设计也趋于成熟。综合以上绿色派生出来的各种风格，在最后的六套款式中着力表现几个"逐渐"。第一个逐渐，从黄绿色到棕绿色的色彩变化；第二个逐渐，从优雅到狂野的风格变化；第三个逐渐，从单纯到丰富的款式造型变化；第四个逐渐，从流畅的曲线、半曲线到准直线的线性变化；第五个逐渐，从细腻到粗放的肌理感觉变化；第六个逐渐，从单一到复杂的面料运用变化。作品中始终体现了逐渐和变化。当然，这种变化是有一定范围的，它始终笼罩在绿色下，限制在生活装风格中。

伊顿有关"色与形态"的理论告诉我们，绿色属于间色，它与形的关联也属于间形，一个带有弧线形的三角形；它的线不直也不曲，其意义界于直线和曲线之间。因此，设计中均采取了温和的线与形，与绿色中性的品质遥相呼应（图5-13）。

4. 服装作品（图5-14、图5-15）

图5-14　《绿》系列作品的完成

（1）造型一：饱满而自然的植物曲线，加上薄、透、垂的面料，营造出一种女性的、飘逸的、古典感觉的气氛。款式上是一件吊带连衣裙，面料上选用真丝乔其纱，并配有金色的金属细链条装饰。

（2）造型二：裸露肩部和背部的合体上衣，多层的裙子，服装一下子从第一套的虚幻感觉走入了现实，但传达的还是柔和之美。裙子采用真丝乔其纱面料，上衣则采用纯棉弹力针织布。另外，本款设计还配有泡泡纱腰封和磨砂皮带。

（3）造型三：造型三的设计强调线条的美感，线的悬浮与交错使服装在流动中产生一种跃动和闪烁感。敞开的裙子露出短裤，强调女人自信、自强的性格特质。全身以针织面料为主，裙子采用针织网眼布，上衣的装饰绳采用弹力针织布，小内衣采用真丝乔其纱，短裤采用生丝绸。

（4）造型四：扎染短上衣，袖子有多褶皱的处理，挺括的长裙，既文雅又洒脱。从第三套裙子造型到这一套服装，硬线条的感觉在逐步加强。上衣采用豆包布，裙子采用粗纺亚麻布，还配有皮革腰带和金属小装饰。

（5）造型五：全身三件套，长风衣式衬衫，低腰宽腿裤，单肩小上衣。扣上外衣与打开外衣是两种截然不同的风格，颇具中性和现代美感。外衣面料采用泡泡纱，小上衣面料采用弹力针织布，裤子面料采用棉麻布。另外，配有革皮腰带。

（6）造型六：时尚而前卫，曲线与直线对比。内衣式低胸上衣（网眼布），无袖小马甲（棉麻布和网眼布），两侧不对称长度的紧腿裤（弹力针织布可自由地聚集褶皱），外配少数民族风格的百褶短裙（棉细布）。服装的件数从第一套的单件逐步发展到第六套的四件。本款造型还配有金属装饰。

图5-15　设计草图造型（造型一~造型六）

5. 小结

此次的服装主题是"绿"，文中自然加大了对绿色的探讨。其实，每一个颜色都有着自己的特色与个性，它们与相关的形、肌理也都有着密切的、剪不断的情节与感受。因此，在色与形、色与肌理的关系中还有许多问题有待研究。

第四节　服装色彩的整体协调

服装色彩的设计无论采用什么方法或运用什么原理，最后的目的都是希望达到一种整体美的效果。整体，其概念意义要根据看的方法来定，也就是说，某件作品或某个对象是作为一个整体被看待，还是作为一个局部被看待，取决于观察者是从什么角度出发。从服装色彩的整体看，它可有以下三层含义。一指单套服装的上衣、裙或裤、鞋、袜、帽、围巾、手套、领带、首饰等色彩的综合体。这种整体多表现在选择或购买之前，是物与物之间的相互关联，多在商店的柜台或橱窗中出现。二指衣服、配饰色彩（第一层整体意义的全部）与穿衣人的体型、肤色、性格、风度以及环境等协调的统一体。这是在第一种含义之上所要考虑得更为广义的服装色彩，它大多要靠穿衣人自己来实现。三指系列服装（不仅指一组服装的系列，还包括一个品牌、一个企业的整体系列关系）的相互关系，属更大范围意义的整体，它能较好地、充分地表达出设计师的意图，能给大众带来强烈的企业视觉印象。这在当今许多名牌服装及服饰的色彩设计中都有所体现。

一、服装色彩与配饰色彩的协调

服装色彩与配饰色彩的协调，属第一层"整体"意义的范畴，多指物与物之间的搭配关系。配饰的内容包括配件、首饰和辅料，是构成服装整体的部分性零件，如鞋、帽、腰带、围巾、包、项链、耳环、手镯、扣子、拉锁等。尽管这些部分都是衣服的"附属品"，但在实际运用中，它的作用就不仅是附属的立场了，往往也含有"共演者"的任务。因此，服装色彩的整体美，除了利用面料本身的色泽和质地外，很大一个方面还可利用服装的配饰色彩和质感，或利用它们与服装色彩的对比，或考虑它们之间的呼应（图5-16）。

今天，人们之所以重视配饰的应用，那是因为人们已经认识到配饰是服装中不可缺少的一部分，尤其是那些时髦、自立、高品位的女士和先生们，常常通过得体的配饰来树立自己较为完整的公众形象，这也正好符合现代人追求完美的这一心理趋势的需求。如何才能使配饰的选择恰到好处呢？其关键在"比例"两字上，如配饰与着衣人身材的比例，配饰与服装造型的比例，配饰色彩与服装色彩的面积比例，配饰与配饰之间大小、形状、多少的比例等。在一套服装中，不但要求所有的配饰类型、风格、质地、色彩等相互协调，而更重要的是看这些配饰与衣服的协调关系（图5-17）。

图5-16　领带色彩设计

（谭乔夫-2018级）

图5-17　配饰色彩设计

（陈思荆-2006级）

以下从八个方面讲述配饰色彩的搭配问题。

1. 鞋

鞋是服装中最稳定的配件，它的选用只能是"看什么样的更合适"，而不能在"用或不用"上徘徊，因为人除了睡觉、游泳不穿鞋子外，其他无论什么时候、穿什么衣服都是要穿鞋子的。鞋的搭配最简便的方法就是与服装的主色调相同或近似，这样就不会出现大的差错。当然，拥有像服装颜色那样多的鞋是件很不容易的事，平时不妨采取一些积极的应变措施，准备几双常用色的鞋，如白色、黑色、棕色、灰色、蓝色等。黑色、白色（乳白色、浅米色）、灰色鞋可配任何色彩的服装，棕色鞋配暖色系的服装，蓝色（深蓝色）鞋可与冷色服装相配。对于彩度高的服装颜色来讲，要不就全身统一（明度上可有变化），要不就用白色和黑色。白色、黑色、棕色是最常见的鞋子色，白鞋使人轻盈，有向上感，但脚显得大；黑鞋、棕鞋使人感觉稳重，使脚显得小。

2. 帽

帽子不是所有的人和所有的服装都适合和需要的，但可以肯定地说，帽子对人的外形和服装整体的影响是最大的，也是最明显和最有效果的。对于那些适合戴帽的人来讲，戴上帽子是一个人，摘下帽子如同换了另一个人。一顶得体的帽子会使你显得特别优雅、妩媚，也更加与众不同。以往人们对帽子的使用仅停留在冬天防冻、夏天防晒的"初级阶段"。今天，已有不少人认识到帽子对人、对服装的装饰性。服装中帽子的搭配，其色彩或是与服装的主色调相同、相近，或是与服装的主色调形成对比。从女装上看，与春秋套装相配的帽子色彩多与服装颜色一致，效果典雅、端庄；冬天绒线编织的帽子，多在缺色的季节里进行着点缀，帽色一般比衣服色鲜艳、亮丽，显得活泼而充满朝气；夏季的帽色多为凉爽、轻快的高明度浅色。从男装上看，帽子的式样和色彩不如女式帽子多，色彩多用稳重的中明度含灰色或深色，这样似乎更能体现男子的沉着和力度。

总之，不管是在什么季节或在什么场合，都请多考虑一下帽子的使用。一顶合适的帽子会使你的穿着和形象更完美、更独特。适合戴帽子的人，也请不要放过任何一次机会，去戴它，充分地享受它。

3. 腰带

这里所说的腰带指装饰腰带，也就是那些可以单独穿卸的腰带。有人曾把腰带比作衣着的"彩虹"，它不仅是连接上下衣的艺术纽带，使衣束更谐调、更整体，而且也是用来装点衣着、美化形象的重要手段。它能使身材中的缺陷化为乌有，使一条简单平常的裙子充满个性，或使一件原来陈旧的衣服重新获得新生。当一套充满活力和青春感的衣服选用腰带时，最好配以对比色；一套典雅的衣裙最好用一条同色系、不同明度的腰带；夏季，一条白色的腰带就足以应付多种场合；各种低明度的暗色和黑色腰带都很好用，这样从色彩感上能更好地突出女性的胸、腰、臀部的曲线；如果是花色面料，最好是用花纹中的其中一色来做腰带，这样色彩会更富有秩序感和节奏感。腰带虽小，却常常成为衣着打扮的焦点，并能"为你不同的装束打下完美的句号"。

4. 围巾

围巾是大小方巾、领巾、长条围巾的统称。围巾的系戴部位正好是视觉的中心点，是最能引人注意、强调形象特征的区域，一条合适的围巾有时会显得特别重要。对东方人来讲，围巾的面积不宜过大。围巾色彩的确定一方面与衣服关联，另一方面要与肤色相适应。通常情况下，浅色服装配深色围巾，果断而有力度；无彩色系的服装配有彩色围巾，醒目而饱满；高彩度彩装配黑色或白色围巾，平衡而调和，如配各种漂亮的纯色围巾，则会显得活泼而刺激；单色衣服配花色围巾（条型、格型、花型纹样），花色服装配素色围巾；假如整套衣服都比较平淡，则围巾色可强烈一些，如果服装的款式结构本已很精美，那么围巾色最好与服装色相同，避免分散人们的注意力。围巾色的选择至关重要，一条令人感觉不顺眼的围巾还不如不戴比较好。

5. 包

无论是女士还是男士，现在都比以往更重视了包的使用。包大致分为三类：第一类是背提两用的中小型皮包，材质比较高档，式样比较严谨。色彩常见黑色、棕色，多配合一些正式、成套的服装，用以应对一般性的外出活动或上班。第二类是大型手提包兼挎包，质地有皮的、草编的以及各种纺织品面料的，多采用流行色或艳丽一些的颜色，搭配一些随意性强的服装，购物或游玩时用它显得轻松又实惠。第三类是精致的手包，有皮的、锦缎的或用刺绣、珠绣等手工艺加工制作的，色彩以高贵、典雅、华丽为标准，主要是为参加宴会、晚会时使用。对男士来讲，有一个皮制公文夹和一个大挎包（皮的或帆布的）就够了。总之，包不能没有，也不可能有许多，根据自己衣橱内大部分服装的颜色，有重点的备上几个不同类型的包，就足以以不变应万变了。应该注意的是，包的颜色尽量与鞋的颜色相同或类似，这有利于形成服装的整体感和统一感（图5-18）。

6. 首饰

首饰是包括项链、项圈、胸坠、胸针、耳环、耳坠、手镯、手链、脚镯、脚链、戒指、头饰、臂饰、鼻饰等在内的统称。首饰分为两大类：一类是货真价实的金、银、珍珠、钻石等精致首饰，它以金色、银色、白色为主，对服装颜色的适应面宽，有着高雅、富贵、持重、成熟的迷人风采，多与较正式的服装相搭配，30岁以上的女士佩戴起来更显得体。另一类是艺术性极强的木、铜、骨、皮、陶等装饰性首饰，它款式新颖、独特，颜色应有尽有。此类首饰风格各异，有的轻松活泼，有的古朴沧桑，有的……是表现个性服装的最佳帮手，多为年轻人所青睐。古人云："嫩叶枝头红一点，动人春色何须多。"佩戴首饰绝不是越多越好，重要的是恰到好处（图5-19、图5-20）。

图5-18　包与鞋的协调

（叶文-2006级）

图5-19　首饰应用设计（刘思思-2008级）

图5-20　首饰应用设计（温雅-2008级）

7. 辅料

服装辅料包括扣子、拉链、线、带、钩、衬布、腰夹等，它们往往是通过不同材料的肌理来形成服装整体的配色效果。就纽扣来说，有电玉扣、有机玻璃扣、塑料扣、胶木扣、骨扣、金属扣、皮扣、贝壳扣等数十种之多，拉链也分铜合金、铝合金和尼龙三种，这些不同材料的不同色泽给服装增添了不尽的点（纽扣类）线（拉链、线迹、饰带）魅力。如今，服装中的辅料应用已不再是以往的单纯实用性了，而是与服装设计的概念、整体色彩的关系、造型结构的处理、面料质地的协调等同时考虑的重要元素（图5-21）。

图5-21　拉链应用设计（康卉-2007级）

8. 其他

服装配饰除以上七类外，还应包括手套、袜子、手表、眼镜、领带等这些服装中不可缺少的零部件。一般情况下，正式场合的礼服手套为白色或黑色，或与服装颜色一致；理想的袜子颜色应比肤色稍深一度，质地细密的袜子配精致的高跟鞋，质地粗犷的袜子配低跟鞋，如与运动装、牛仔装、休闲装配套的白袜子、五彩袜子等；新潮、时髦的服装当然要配款式、色彩相应的时装表和时装镜；对于男士来讲，准备一条暖色领带可以应付日常的工作和喜庆的日子，一条冷灰色条纹领带可应付日常的工作（对深色、浅色西装均适合）。总而言之，服装离不开配饰，配饰也不能脱离服装。在配饰色与服装颜色的协调中，只要你注意了、用心了，这就是成功的开始。

二、服装色彩与环境、季节的协调

首先来看看动物，不论是走兽还是飞禽，它们的皮色与羽毛色都不是凭空而来的，都是由所生长的环境与保卫自己生命的天性而产生的。在植物生长茂盛的南方，各式各样的禽兽很多，动物的色泽也比较丰富，如羽毛娇艳的鹦鹉。而生活在终年积雪的北极地区的白熊、银狐等动物的皮色与气候特征相适应，它们的皮毛既起到保暖作用，还成了抵御外来袭击的"保护色"。鱼类中同样有这样的现象，如许多大洋性洄游鱼类都是背部青蓝色如海水，而腹部灰白色或银白色如天空以适应其在大洋表层巡游的背景；在珊瑚礁区的鱼类则色彩艳丽、五光十色；而在深海处的鱼类则以灰褐色居多。建筑也是如此，一栋楼房的好与坏，除注意它自身的造型美、色彩美、材质美之外，还要着重考虑它与周围群体的关系（包括人工环境和自然环境）。不然，这个设计就是孤立的，成了环境中不和谐因素，尽管这个设计本身是好的。例如，粉墙黛瓦的园林和红墙黄瓦的宫殿就分别适应于轻风细柳、小桥流水的江南景色与广袤无垠、寒风凛冽的北方大地。服装色彩何尝不是这样！在我们一般人的脑海里，红红绿绿的鲜艳衣着在城市中显得有点格格不入，但到了乡间，在绿色田野、灰蒙蒙青山的衬托下，则能产生一种强烈的视觉效果，颇有万绿丛中一点红的色彩意境。然而，城市有着摩天大楼、柏油马路以及琳琅满目的橱窗、川流不息的车辆、熙熙攘攘的人群，人们的服装相对内敛一些，含灰色是城市色彩的基调。当然，其中也体现着文化气氛与秩序感。

环境对于服装，"是随天气、季节、场所、一天中的时间而变化的，另外，衣服也是随各种应用范围、目的和各人的活动程度，从休息到体力劳动而变化的"。一年四季春夏秋冬的变化是服装色彩更新、变换的主要力量（流行色的制定就是按照季节来发布的）。普遍地讲，冬天服装颜色深，夏天服装颜色浅，春夏季服装颜色明快、活跃、生气勃勃。当然，服装颜色也可不受自然的约束，采用与之相反的色调也会产生一种新鲜感，如浅色的罩衣、鲜艳的羽绒服和帽子可打破冬日的沉闷；黑色的衣裙在夏日浅色调中会显得非常特别。环境还能改变衣服和人本身的视觉体验。例如，在图书馆阅览室里穿着色彩耀眼和图案夸张的时装，或到医院看望病人穿一身大红衣服都是不合适的。也就是说，环境与场合常常成为服用色的条件。医护工作者的白制服，神圣、安全、干净；公司职员的中性色服装，庄重、大方；运动服的色泽鲜明、活跃、热情；宴会服要有华丽、高贵的色彩气质；生活便装则要显示出舒适、优雅的色彩特征；下班回家换上柔和轻便的居家服，人的精神立刻就会松弛下来。因此，人—服饰—环境密切相连，人有着很大的流动性，活动在生活的各个角落，对社会环境的变化起着举足轻重的作用。服装设计中只有树立了环境观念，其设计的整体性才得以体现；服装的色彩也只有在一种恰如其分的感觉中，才能给人以信心，使其形象更完美、更动人。

笔者在20世纪90年代中期提出了"服装色彩'级别'"的概念，这一概念是在调研的基础上产生的，通过人们对不同场合服装色彩选择的调查和总结，将其结果划分为不同等级（这里的"级别"仅是一个中性概念，无褒贬之意）。其等级是这样的：适合正式场合穿着的色彩为"高级色"，适合非正式场合穿着的色彩为"非高级色"，两者之间的色彩为"次高级色"。

"高级色"通常有：藏蓝色、黑色、浅驼色、深棕色、浅灰色等；"非高级色"通常有：浅黄色、橘色、浅紫色、粉红色等；"次高级色"通常有：深灰色、铁锈红色、橄榄绿色等（图5-22）。

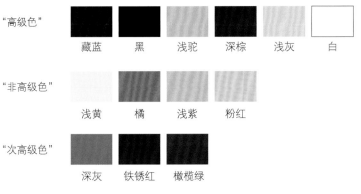

图5-22　服装色彩的"级别"

有关该内容的论文1995年曾刊登在《时装》杂志、《光明日报》和《中央工艺美术学院论文集》。这个观点的提出对专业领域人员的服饰色彩研究、服装行业设计人员的设计和社会消费者提供了重要的专业参照。在今天看来，这种服装色彩的级别现象和认识依然存在，而且在人们的心目中根深蒂固。

三、服装色彩与性格、气质的协调

试想，一件样式古朴、色彩灰暗沉闷的衣服穿在一个性格开朗、爱说好动的姑娘身上，或者一个成熟的人配上稚气十足的款式和服装色彩，这都是不合适的。因为只有当一个人里外一致，即举止、服饰和谐时，才能给人留下美好的印象。也就是说，真正能打动人心、吸引人们注意的是你由内向外散发出的那种精神、气质与外在形象的统一性、完美性。

一种性格拥有一种气质、风度的表现，气质的美并没有一个固定的模式。社会是个大舞台，每个人都在装扮着各自的角色，每个人都有着一种较稳固的对人、对事的态度和行为方式上所表现出来的心理特征，这就是性格。例如，有的人热情、活泼、豪爽大方，有的人刚毅、果断，有的人文静、庄重，有的人孤僻、深居简出。这些各具特色的性格又造就了人类不同的个性，这就是气质。气质的美是内在的、精神的、稳定的。而服饰美、容貌美和体态美则是一种外在的、物质的、直观的、易变的。印度诗人泰戈尔说："你可以以外表美来评论一朵花或一只蝴蝶，但你不能这样来评论一个人。"通常所说的"形似不如神似"，追求的正是气质美的境界。

不同的色、不同的对比所反映出来的色彩性格相差甚远，在考虑服装用色时一定要将这些性格作为基础，使服装色彩与人的性格、气质更为融洽、协调。例如蓝色，清凉、遥远，充满理智；是收缩色，也是内向的色彩；英文中的蓝色还有忧郁的含义。对于那些谦虚、谨慎、内向、深刻、善解人意的人来说，配上蓝色的服装，会带给人典雅、恬静、高贵、稳重的印象，还会散发着促人萌生反思、自省的智慧。黑色神秘、寂寞、坚硬，其服装色彩与那些心境平和、宁静、高雅、自信的人结合在一起，更能体现坚韧的个性。高长调强烈、清晰、明快，它适于一些果断、开朗、具有挑战意识的现代人为服装用色。高短调明亮、轻柔，此调对女人味十足的女性来说更显飘逸、优雅。中短调含蓄、朦胧，很合适那些持重、成熟的人。低长调压抑、深沉，性格刚毅的人配上此调会显示出一种爆发性的感动力。著名色彩理论家约翰内斯·伊顿说过："对色彩的认真学习是人类使自己具有教养的一个最好方法，因为它可以导致人们对内在必然性的一种知觉力。"可见，只有充分理解、认识色彩的意义，才能更贴切地感受它，为我所用，使服装色彩真正成为展示自我最具说服力的"宣传媒介"。

一个人的性格、气质很大方面是由遗传生理因素造成的，但也不能忽视另外一方面，那就是社会文化的影响，它包括职业、文化教养、宗教等。一个人长期从事某种职业，其职业性质多少会给他的气质风度带来影响，如教师的庄重、科学家的严谨、外交家的雄辩、战士的英勇等。另外，一个人的年龄增长也会使其性格、气质有所改变。最后要强调的是：我们所追求的服装色彩与性格、气质的协调多体现在统一、类似上。而对比的和谐也常能看到，如性格文雅、娴静的人有意选择活泼豪放的服装颜色来调节自己。但这种情况并不太多或偶然发生，因为人们选择服装时多是以一致性为前提，再结合自身条件和主观色调来决定的。

四、服装色彩与年龄、性别的协调

我们常常听到一些这样的议论："这颜色我穿太嫩了""这孩子年龄这么小，怎么穿这么老气的衣服""这个花色作为女装比较合适"等。可见，平时人们对服装色彩和年龄、性别的关系是否相适应还是非常注意的。其实，就色彩本身而言并没有什么特定的年龄界限，但由于人们年龄的变化会引发一连串生活方式的改变，同时也相应地带来了社会生活的变化。所以，服装和服装的色彩自然要与这种变化相一致、相匹配。

从普遍意义上讲，1～3岁的婴幼儿用浅淡、透明度高的服装色彩，淡雅的色调可给人一种甜美、柔润的感觉；4～6岁的学前儿童，服装色彩可以鲜艳些，以适宜儿童纯真好动的性格；7～12岁的小学生，服装色彩要避免过分的华丽和烦琐，以简洁、明快的中间色调或中间偏高色调为宜；13～15岁的中学生和16～18岁的高中生属青少年时期，对服装的款式和颜色开始有了自己的喜好和主张，常用色多为白色、红色、雪青色、浅蓝色、灰绿色、深蓝色等；19～25岁的青年人有大学生，也有不少就业者，他们各方面都趋于成熟，体态丰满，肤色柔润，精力充沛，其服装色彩偏向于活泼、个性。可以说，色彩中的大部分色都适宜；26～35岁属成年人，他们多数具有专业能力，有着自己的价值观，并在此基础上实行自己的生活方式，对服装色彩的选用，女性多为流行色和黑、白、灰、棕色系列，男性多为黄褐系列和蓝灰系列；36～50岁的女士和先生们属中年人，对服装的面料质地和色彩都非常讲究，他们的宗旨是端庄、典雅和高贵，色彩范围主要是浅色调和中间色调；51～60岁的中老年和61岁以上的老年人，多喜欢庄重、沉着的服饰色彩，如浅棕色调、蓝色、灰色、暗红色、棕灰色、黑色等。今天的中老年人在穿着上已经意识到，年龄越大越应该修饰自己，因为人过了青春妙龄，总不会像正值豆蔻年华的少男少女那样富于自然美，因此更需要一些修饰，用鲜艳、明亮的色彩来打扮自己，增加服装的诱惑力，从而来掩盖不可抗拒的衰老现象。这些年，中老年的衣着颜色确实越来越漂亮了，反而年轻人的衣着颜色愿意追求灰暗。可以说，颜色的属性与年龄的增长成反向，颜色的鲜活对应成熟的年龄，成熟的颜色对应年轻的生命，这是一个很有趣的现象。

尽管在有些新潮时装里男、女性别已很难辨别，但大部分服装仍是以自然的相异性质的表现为标准，因为男性和女性在体型上和气质上都有着很大差别。男性体型宽而厚，躯体高而大，线条坚而硬，心胸宽而广，更适宜浓重、含蓄、沉着的服装色彩；女性体型纤细、柔和，富有曲线，更适宜明亮、艳丽、跃动的服装色彩。总之，男装的色彩整体上要比女装稳重些，以此来显示男人的力量和胸怀，并能更好地衬托出女性的美丽和动人。

五、服装色彩与体型、肤色的协调

体型和肤色，是服装色彩选用时要考虑的两个最直接的要素。服装色彩配合得好，可以扬长避短，弥补和掩盖体型的缺陷，可以给原有的肤色增色添光；服装色彩配合得不好，则会抹杀优点，使体型与肤色看起来更糟。一般来说，体型较胖者不宜穿扩张色（高明度、高彩度、暖色系），以及大花、大点、宽条的服装；雅致的单色和小化面料不会显得臃肿；上下身的色彩最好接近，或采取中性的色，或采用深色、冷色；活跃的色彩适宜小面积使用；忌用光泽感较强的面料。体型较瘦者则相反，需用带有膨胀感的色（亮色、暖色、对比色），以及大花、宽条、斜条的面料，服装色彩的选用比较广泛。矮个子适宜淡而柔和的色调和上下身一色的套装；上衣底边外不要有明显的色彩分界线以及穿过于鲜艳的袜子；腰带宜细，与服装之间的色彩关系不要太强。矮而胖的人有种可爱、明净的健康感，只有强色、亮色色调才易与人们的印象相一致。矮而瘦的人看上去有点单薄，色彩应采用亮的暖色系色。对于身高较矮且脸盘大的人来说，鲜红色、橘黄色和闪光的外衣、头巾及帽子都要尽量避免。圆筒体型的人，其服装面料色彩和花纹都可纷繁些，腰带的色彩稍深些，以弥补体型的不足。

关于肤色，如果服装色彩与肤色对比强，肤色变化就大；服装色彩与肤色对比弱，肤色变化就小。当服装色彩比肤色明亮时，肤色会显得发深；当服装色彩比肤色深暗时，肤色就显得发浅。白种人的肤色白里透点粉红色，对服装色彩的适应面很广。服装色彩与肤色之间多采取弱对比，尤其是牛奶色至咖啡色系的色，与白色的皮肤、蓝的眼睛、黄咖色的头发在一起十分协调。黑种人爱穿鲜艳的、强烈的色彩，与肤色形成强对比，即使服装的色彩彩度很高、明度很亮，因为有肤色的黑色（红黑色或棕黑色）相衬托，效果总是和谐的。肤色偏红的人应避免浅绿色和蓝绿色的服装色彩。一般状况的黄肤色，易与茶色系、橙褐色系、深蓝色系的服装相搭配。橙褐色系、茶色系的服装色彩与黄肤色成同类色、邻近色的关系，自然而统一；深蓝色与黄肤色成对比色关系，深蓝色一方面可使黄肤色走向明度高的一边，另一方面又可使黄肤色走向蓝的补色方向，使原有的肤色看来更暖一些。黄肤色偏黑的人多采用略带色相的配色，与肤色稍有对比，明度上带有一点差别为佳，尽量避免深褐色、黑紫色、黑色及深暗的服装色彩；但这种肤色有时穿上彩度高的服装，也会表现出另一种极富南国情调的美。肤色灰黄的人，似乎穿什么颜色都不是很理想，这时请选用多层次的印花面料，通过多种层次的过渡和变化，可减弱服装色彩与肤色的对比关系。黑色的头发对黄种人的服装配色起着重要的调节作用。对任何肤色而言，穿白色或浅色、小花纹的衣服效果都比较好，因为它有反光，能使脸部更富有色彩和生气。

第五节 服装色彩的系列设计

系列，在汉语词典中解释为"相关联的成组成套的事物"。系列设计，指在造型活动中，用相关或相近元素去完成成组、成套的方案的方法。产品的系列化，一方面能体现品种的丰富多样，满足现代化社会人们多方面的需求；另一方面也容易在人的视觉和心理上留下强烈的印象，并带来秩序而和谐的美感。例如，现代的住宅建筑、公共设施、家具、商品包装、服装、封面、餐具等的设计都在实行着标准化和系列化。系列设计在各方面表现出的优越性，使它在现代设计中占有重要的一席之地。

服装，这一大众化的艺术，其设计越来越新颖，越来越奇特。在诸多的设计手段中，系列设计被认为是最为普及、效果最好的设计方法。纵观世界著名服装设计家的作品，如皮尔·卡丹、伊夫·圣·罗朗、三宅一生等，他们通过一组组独具匠心的系列服装展示，将自己强烈的创作意图以及对艺术孜孜不倦的追求表达得淋漓尽致。这种系列作品在大众中所产生的反响是其他设计方法不能与之媲美的。在服装设计中，这种运用总体的意义，在其中体现某种相同或相似形、结构、色、质、量，并按一定程序使之反复或连续出现的方法，称为服装的系列设计。例如，飘逸的女装系列，刚毅的男装系列，欢快的童装系列，充满情意的男女装系列，标志母女或父子的亲子装系列，内外装的配套系列，春、夏、秋、冬四季的服装系列，红色服装系列，皮衣系列，印花衣裙系列，以及那些以体现某一情趣和风格而命名的服装系列等。在这些服装系列的设计中，运用色彩的力量，以相同、近似、渐变、反复、增减、强调、情调等配置手段达成的服装系列，应看作是服装色彩的系列设计。其方法如下。

一、相同色彩的设计

相同色彩是最为简单的系列方法。在一组装式相同的服装中，款式不同、结构不同、材料不同，但求配色相同（图5-23）。

图5-23 服装色彩的系列设计——相同色彩的设计（谢诣-2007级）

二、近似色彩的设计

近似色彩的系列要比相同色彩的系列稍富于变化。近似色彩指某一色相中那些稍深、稍浅、稍冷、稍暖的色彩，如绿色中的浅绿色、粉绿色、草绿色、中绿色、橄榄绿色、翠绿色、墨绿色等。这类系列的服装装式要相同，在款式结构和材料上可进行变化。

三、渐变色彩的设计

方法之一是服装的装式、款式、结构、面料相同，在色彩上通过明度的渐变（如深红色到浅红色）、两个色相的渐变（如蓝色与红色，中间色阶为蓝紫色、紫色、红紫色）、全色相的渐变、补色渐变（如黄色、黄紫色、紫黄色、紫色）、彩度渐变（如绿色、绿灰色、灰绿色、灰色）来达到的系列；方法之二是服装的装式、面料相同，在款式的外形上、内部的结构、色彩的效果上同时进行渐变达成的系列（图5-24）。

图5-24　服装色彩的系列设计——渐变色彩的设计

（鄢心羽-2015级）

四、反复色彩的设计

反复色彩的系列设计有两种：一是以一个颜色不断地出现在装式、款式、面料相同的或者是装式和面料相同、款式结构各异的整组服装的每一套衣服上，但与之对比的色彩关系都不相同，如浅灰色与粉红色、浅灰色与黄色、浅灰色与浅绿色等；二是在限定的几套配色中，每套服装可随着款式结构的变化进行颜色互换，即便是相同的款式和结构，只要变换色彩的位置与面积，就会出现丰富的系列视觉效果（图5-25）。

图5-25　服装色彩的系列设计——反复色彩的设计

（王楠-2007级）

五、增减色彩的设计

增减色彩指色彩量的大小与多少。在一组服装中，一个颜色可伴随着款式结构的变化从小面积逐步扩展到大面积，而另一个颜色此时也正在一点点减少。

六、强调色彩的设计

强调色彩往往是小面积的，在服装上常常体现在部位装饰和配件当中。例如在一组款式结构大致相同的服装中，用同一个色或同样的几个色进行装饰部位的变化。此类多在童装、毛衫、针织服装、运动服、礼服中的挑、补、绣、手绘、浆印、扎染、拼色、镶嵌等工艺中看到。另外，不同款式结构的几套衣裙配上同样款式或不同款式但一定要同样色彩的腰带或帽子，都能形成好的系列感（图5-26）。

图5-26　服装色彩的系列设计——强调色彩的设计

（黄玮玲-2015级）

七、情调色彩的设计

情调色彩指色彩的气氛与风格。尽管一组服装的款式、结构、面料、色彩是不同的，但相同的装式和特定气氛的色彩情调同样能形成系列感。例如温馨优雅的高短调系列和拙朴粗犷的西部黄土、沙漠系列，其装式要基本相同，款式结构的变化幅度可以大一些；当然，不同的装式也是可以的，因为情调色彩的包容量是比较大的（图5-27、图5-28）。

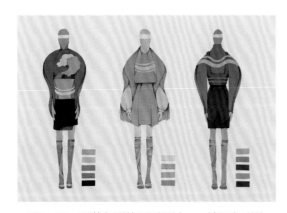

图5-27　服装色彩的系列设计——情调色彩的设计（杜福民-2015级）

图5-28　服装色彩的系列设计——情调色彩的设计（齐心-2015级）

总之，服装中要想通过色彩达成系列，其关键应使色彩要素更接近，更趋于统一，变化中要有规律可循。只有这样，色彩语言在系列服装中才能显示出魅力。

练习题

1. 根据概念进行色彩设计（习题5–1–1～习题5–1–30）

这是指有主题概念的命题设计练习，可试着选择一些带有文学味道的、历史文化感的、抽象概念的题目，从概念入手，服装的款式、结构、色彩、面料和配饰加以配合，最后达到主题鲜明的色彩设计效果。效果图可采用多种表现手法，画、喷、贴均可，还有各种色纸，以最大的限度去传达设计者的设计思想。

● 要求与方法：

以当年或往年的各类服装设计大赛为设计要求，这类设计都有明确的概念，基本上都是从整体到局部的设计方法。

2. 从色彩入手开始设计（习题5–2–1、习题5–2–2）

确定色彩概念，以色彩的意义为出发点，从而决定造型、材质、肌理等一系列因素的使用，最终完成一个理想的设计。

这部分练习的服装可以是生活类的便装，也可以是职业装或是礼服类，又或是偏向于概念性的服装。无论是哪一类，色彩的表达都要做到尽量与设计目的相符。

● 要求与方法：

偏重概念的服装色彩设计练习，从个人的主观喜好开始，以考虑色彩的意义为优先，逐渐将颜色融入设计。

3. 服装整体配色练习（习题5–3–1～习题5–3–11）

（1）配饰色彩设计：配饰的色彩及风格对服装整体的风格起着决定性的作用。这里不妨将配饰专门拿出来做色彩设计练习，可以是鞋或帽等的单独设计，也可是一组配饰的综合设计。以配饰作为设计重点的服装颇为多见，尤其是创意服装与演出服装（习题5–3–1～习题5–3–3）。

（2）一套服装的整体设计：此练习强调的是一套服装的颜色与配饰色之间的协调关系。

（3）系列服装的整体设计：此练习较为复杂一些，除了强调一套服装的整体外，还要讲究一套与一套之间的搭配与衔接关系。画面应通过3～5套服装来体现（习题5-3-4～习题5-3-11）。

- 要求与方法：

这部分练习要看学习对象，初学者还是需要进行练习的。因为实际上前面的许多练习都是以一个系列出现的，只是还没考虑到配件等与衣服整体的关联性。

习题5-1-1　西部风情（赖飞亚-1997级）

习题5-1-2　非洲拾粹（李欣欣-1997级）

习题5-1-3　英伦复古（朱简-2009级）

习题5-1-4　迷失图（孟洋-2013级）

习题5-1-5　艳后的倒影

（潘鑫-2003级）

习题5-1-6　剥落之城（胡欣逸-2013级）

习题5-1-7　酒神

（葛佳颖-2010级）

（a） （b）

习题5-1-8 笼中鸟（谢诒-2007级）

习题5-1-9 闺

（肖敬-2010级）

习题5-1-10 黄金时代

（毛永宁-2012级）

习题5-1-11 情怀

（吴绮雯-2009级）

习题5-1-12 几何

（王文祺-2011级）

习题5-1-13　花的姿态（徐子童-2007级）

习题5-1-14　生活空间（高婴-1996级）

习题5-1-15　那些记忆（韩婷-2010级）

习题5-1-16　迷离（芦子微-2009级）

习题5-1-17　打破（吴娅林-2019级）

习题5-1-18　错过（程卓琳-2015级）

习题5-1-19　恋圆点癖患者（臧贝贝-2006级）

习题5-1-20　生态呐喊（李文青-2003级）

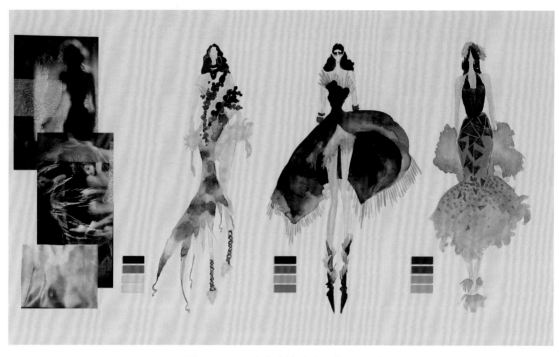

习题5-1-21　虚实之境（陶天尧-2015）

习题5-1-22　深海

（毕然-2010级）

习题5-1-23　年轮

（王瑜-2003级）

习题5-1-24 幻象、凄美、幽怨、怀旧

（李燕懿-2007级）

习题5-1-25 极度奢华

（纪玲玉-2011级）

习题5-1-26 营造诸作（朱雅雯-2016级）

习题5-1-27　小丑（盖婷月–2009级）　　　　　习题5-1-28　现代科技（王洪颖–1997级）

习题5-1-29　蜕变（杜杨-1997级）　　　　习题5-1-30　有影有踪、有影无踪、无影无踪

（赵小媛-1997级）

习题5-2-1　海洋（王方程-2010级）

习题5-2-2　戏谑游乐园

（王方程–2010级）

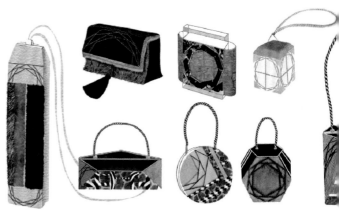

习题5-3-1　包的设计（陈依舒–2010级）

习题5-3-2　配饰色的协调（杨茜元–1998级）

习题5-3-3　配饰色的协调（江雪–2007级）

习题5-3-4　服装系列色彩设计（王悦–1993级）

习题5-3-5　服装系列色彩设计（齐心–2015级）

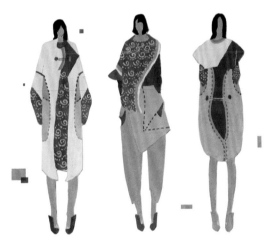

习题5-3-6　服装系列色彩设计（王艺诺–2018级）

习题5-3-7　服装系列色彩设计（冯佳琪–2015级）

习题5-3-8　服装系列色彩设计（李含嫣–2017级）

习题5-3-9　服装系列色彩设计（胡炜璐–2016级）

习题5-3-10　服装系列色彩设计（毕然-2010级）

习题5-3-11　服装系列色彩设计（刘烨-2007级）

理论兼实践

第六章　服装色彩的源泉

课题名称： 服装色彩的源泉

课题内容： 色彩的采集与重构

源泉色

课题时间： 8课时

教学目的： 将视角延伸到我们司空见惯了的外部世界，从自然中感受色彩，从原始的、古典的、传统的、民间的等艺术中获取色彩灵感，使其用色和配色更生动，也更具文化性。

教学要求： 1. 创造性色彩方法的学习。

2. 关注中国传统色彩文化。

课前准备： 广泛阅读艺术类书籍（中外的、古今的）；观察、描绘、拍摄生动的色彩现象。

服装色彩的源泉

对于服装配色实践来说，色立体就像一本色彩词典，需要时翻一翻会有很大益处，但它只是一本实用的工具书，绝不能靠它来培养色彩感觉。真正的色彩感觉和色彩灵感的获得是生活本身，是从我们司空见惯了的平凡的外部世界中寻找创作的源泉，去发现有色彩的客观物体对人的视觉、心理所造成的印象。例如"生锈的烂铁、破墙、烂木、旧油漆、火烧后的木头、破瓦、破瓷，甚至傍晚的晚霞、夜里的灯光、窗橱的反光等"都可成为"猎色"的对象。当我们将猎取到的色引入新的画面和新的设计时，这之间包含着一个再创造的过程。也可称为是"转化"过程。这种"转化"并不是对原事物的忠实复制和模仿，而是艺术家们对原表象进行研究、分析、探索后所创造的一种与之等效的感性印象。

从创造的原则来看，原表象与新画面是两种相对独立的东西，前者为后者提供素材，素材给创作构思提供依托；后者将是前者的再创造，它将原色彩从限定的状态中解脱出来，使之消失在新的气氛中，达到自身完整的、独立的、富有某种意义的创作目的。这种再创造的过程，可以说是主、客观融合的过程，也是具象与抽象自身转换的过程。服装色彩的素材来源非常广阔（不只限于服装，包括所有专业的色彩学习和研究），一方面可乞灵于古老的民族文化遗产，从一些原始的、古典的、传统的、民间的、少数民族的艺术中祈求灵感；另一方面可以从变化万千的大自然以及那些异国他乡的风土人情、各类文化艺术和艺术流派中猎取素材，这些素材都可成为服装配色的创作源泉。

第一节　色彩的采集与重构

一、采集

我们将采集的方法分为四种：写生、摄影、临摹、剪贴。

1. 写生

写生是收集色彩素材、积累色彩形象的重要手段，也是积极地咀嚼和充分地消化对象色彩的最好方法。此方法在采集自然色彩时用得较多。写生的第一个步骤，就是深入、细致地观察，以各自不同的方式和角度去感知对象，分辨各种色彩的复杂变化。写生的过程，是深入理解、进一步认识色彩关系和概括、提炼色彩要素的过程，因为写生的目的不能只满足于视觉的直观再现，而应是通过采集者的审美情趣加以改造和变化的结果，属于美的发现。长期坚持色彩写生，能够增强色彩的感受力和色彩的想象力。

2. 摄影

彩色摄影是现代艺术家常用的采集手法。它简便、快速、完整、真实、准确，能把瞬息万变的自然现象凝固于瞬间。从艺术史看，整个艺术史也是视觉方式发展的历史，变换一种观察方法，就会革新一种观念。宏观与微观所获得的感受是完全不同的。包含光学、化学、电子学等现代科学手段的摄影技术，对色彩的敏感程度大大超过了人的肉眼和观察能力，特别是相机上可以更换的镜头，如中焦、长焦、近拍镜、广焦镜等，可使同一个物象获得多种截然不同的效果。尤其是一个小范围内经过特写拍摄后，形与色的关系完全是另一种景象，使一些原本平凡的东西呈现出极不平凡的面貌。也就是说，摄影采集需要的是敏锐的感觉和相机镜头二者完美的结合。在某些方面，摄影打破了长期以来写生的概念，使收集素材的范围大大地扩展了。另外，利用特技摄影如显微摄影、旋转摄影、微动摄影、罩影等手法加以再创造，其色彩的变化更是奇幻无比。国际流行色组织每年发布的流行色，多是通过摄影资料为依据来发布的。

3. 临摹

临摹是学习和采集传统色彩、民间色彩时多用的手法。这种临摹应算是记录性临摹，根据需要有重点地做局部色彩和图形的临摹，从具体的调色中、颜色的对比中、图形的变化中、用笔的力度中去体会该作品的民族特征与时代风貌，从而准确把握对象的原始风格。

4. 剪贴（图片和标本）

借助彩色图片和实物标本也能达到采集的目的。例如，火柴盒上的火花，邮票，各种绘画、摄影作品等都属采集的对象。艺术院校的学生爱买旧画报，其目的也是想从普通的图片中寻找灵感，取得意想不到的美的启示。采集标本是指那些力所能及的小的实物，如红叶、枫叶、树皮、鹅卵石、贝壳、蝴蝶等。标本给人的感觉总是那样真切、动人，犹如身临其境。标本的收集非常不易，也非常有限，但只要有兴趣、有机会就不要错过，一定会有大的收获。

二、抽象

抽象，是采集到重构创作过程中的一个关键性步骤。抽象可理解为对事物的"高度"概括。在艺术创作过程中，只有掌握了美的抽象能力，才有可能对事物进行改造，使之成为"形式美"的艺术品，也才有可能使美感得以升华。当然，抽象的过程是极其复杂的，它包含着创作者对美的愿望、对美的理解；同时也包含着创作者对事物的态度，是情感性的，还是理智性的，不同的创作态度导致不同的创作过程，不同的创作过程所获得的创作结果也大不相同。情感性带来热抽象艺术，理智性带来冷抽象艺术。

1. 热抽象艺术

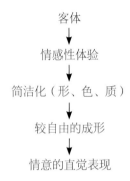

客体
↓
情感性体验
↓
简洁化（形、色、质）
↓
较自由的成形
↓
情意的直觉表现

热抽象艺术创作过程，需将自己投入客观物象中去，态度是凝视的、专注的。然后采取集中、概括、夸张、变形等加工手段，使其形、色单纯化。由于研究的是色彩，所以形、色、质的完善主要是色的完善。形可舍弃，但不可忽视形对色面积、色对比产生的作用。另外，材质肌理反映出的颜色变化也要考虑进去，如绿色的苔藓、绿色的芭蕉叶、绿色的鹦鹉羽毛等。形和质都是为色服务，应根据色的效果进行取舍。下一步是以情绪、节奏为动力的较为自由的成型阶段。我们知道，任何结构体都有着自律性，无论是热抽象还是冷抽象，到了成形阶段就要按照某种规律进行发展。热抽象的最后目的是情意的直觉表现，也就是说，热抽象艺术带给人们的视觉效果往往含有创作者很大成分的感情因素，结果最后的面貌仍能明显感受到原表象的痕迹和意义。

热抽象艺术的例子很多，如花卉变形、动物图案、风景图案、人物装饰、归纳色等基本上都属于热抽象艺术。又如我国国画的大写意、西方的抽象行动主义，其画家用笔的力度及动作节奏与其当时酝酿的情绪有关。这类画面最后的形态、用色等均属于热抽象艺术。

2. 冷抽象艺术

客体 → 理智、冷静的态度 → 立体几何分析 →
- 基本形态
- 张力空间
- 色彩效应 → 几何平面化构成 → 意念的直觉表现
- 结构方式
- 想象力的驾驭

冷抽象艺术的创作过程属纯粹的理性思维。面对客观物象，剖析其最有特征的形色关系，将本质的部分提取或截取出来，使它们简化为或还原为单纯的基本形和基本色。然后，根据对象张力空间的大小、强弱，再将基本形、基本色有重点地加强和组合。画面的构成多为平面化的几何形，或者是客体的抽象符号。通过这些点、线、面与颜色的形态、张力及方向等的圆满交织，加上心理联想与艺术通感的作用，从而唤起人们的主观意识。尽管冷抽象的结果大多是点、线、面、颜色的组织关系，看似简单，但"以少胜多"正是抽象艺术的特征。这些点、线、面、色各自都有着独立的表现价值，它们的外在特性都是由绘画语言的内在价值所决定，而内在价值即表现为精神的价值。与感性的创作过程相比，理性的创作过程更内在，也更抽象，更偏重意念的表现。当然，这种表现一定是直觉的，如果让人一点感受不到也是不成功的。例如，蒙德里安和康定斯基的许多作品在冷抽象艺术中都极具代表性。

值得注意的是，在艺术创作过程中，热抽象和冷抽象是没有绝对界线的，有的作品偏重理性，以理服人；有的则偏重感性，以情服人。以情还是以理，是做任何事情两个最基本的出发点。

艺术创作离不开抽象的方法，我们只有具备了一定的成熟的抽象能力，才能进行主动的判断和认识以至再创造。这也是人类一切创造性活动的关键。高庚曾说过："艺术就是抽象。"

三、重构

重构的意义是将原物象美的、新鲜的色彩元素注入新的结构体、新的环境中，使之产生新的生命。抽象与重构之间有时分先后，有时则是同步进行。重构的过程是一个再创造的过程，它不仅反映着创作者对色彩理解认识的深度、对生活的体验和感受，同时也检验着创作者的色彩表达技巧和艺术素养。另外，还要加上充分的想象力和联想力，才能达到最后理想的色彩境界。

重构练习有两大类：一是根据采集对象的形色特征，经抽象过程，在正方形或长方形构图中完成。色彩构成课中的练习多用这种方法。此练习考虑更多的是原物象与画面以及画面自身的完善程度。二是按不同门类的设计需要去重构，此时关注更多的是抽象来的色彩怎样与设计的形式达成和谐。也就是说，重构时不但要考虑和体现原物象的色彩特征，重要的是要看其设计作品的形态、结构、材质、风格、功能等是否与采集来的色彩风格相协调。服装色彩的学习属这一类。

色彩重构的方法有以下几种。

1. 整体色按比例重构

整体色按比例重构是指将色彩对象较完整的采集下来，抽出几种典型的、有代表性的色，按原色彩关系和色面积比例，做出相应的色标，整体地运用在服装配色上。其特点是能充分体现和保持原物象的色彩面貌。服装的装式、款式风格最好能与之相适应。

2. 整体色不按比例重构

整体色不按比例重构是指将提取出的几种主要色等比例地做出色标，根据服装的要求有选择的应用，特点是运用灵活。由于不受原色面积比例的限制，所以就有可能进行多种色调的变化。重构的结果仍能保留一些原物象的色彩感觉。

3. 部分色的重构

部分色的重构是指从抽象后的色彩关系中任意选择所需的色，可以是一组色，也可以是一个色或两个色。这一重构方法的特点是运用更加自由、更加主动，原物象只给我们以色彩启示，并不受原配色关系的约束。

4. 形、色同时重构

形、色同时重构是指在重构过程中，有时会发现如果与原物象的形同时进行考虑，效果可能会更好，更能充分显示其美的实质，进而突出整体特征。因为许多物象色的体现是建立在特定形之上的，尤其是自然色彩，在有纹样的服装色彩搭配中显露得多。反过来讲，原物象的色彩和色彩关系往往也能给设计的形态、结构、材质以及总体风格带来启迪。

5. 色彩情调的重构

色彩情调的重构是指依据原物象的色彩感情、色彩风格做"神似"的重构。重构后的色彩和色彩关系可能与原物象很接近，也可能有所出入，但把握原色彩意境、情趣的方向不能变。此方法较之以上几种有一定的难度，它需要创作者拥有对色彩的深刻感受和理解，不然，重构色彩就会缺乏感染力，很难与观者产生共鸣。

总之，色彩的重构始终要围绕着该设计的特征来进行，而不能一味地追求原物象的色彩效果。例如，服装配色采集的色彩有的可能适合于冬装与厚质地面料，如树皮色、虎皮色等；有的适合于夏装与薄质地面料，如水色、薄荷色等；有的适合于礼服，如各种宝石色等；有的则适合于理想的创意性服装，如绘画色、民间色等。只有当色彩与形态有机地结合在一起时，才能称得上是好的色彩设计。

这里，以徐欣、韩序两位同学的设计为例，对采集、抽象和重构方法进行学习和实践。

服装作品《释》的色彩来源于敦煌莫高窟五代第100窟《增长子》和元代第465窟《欢喜金刚部分》的壁画，该系列采用了冷抽象的色块化处理方法，从中提取出主要颜色。为了方便运用，将其与国际通用的家居纺织色卡"潘通"（Pantone）色号进行了比对。这是两个冷色调画面，一个偏绿、一个偏蓝，色彩清雅、明快。为了较好地表现敦煌壁画色彩含灰度高的特征，在服装材质上选择了羊绒，希望通过细滑、松软、富有亲和力的质感，更好地传达壁画中整体色彩给予的庄严感与雅致感。三套服装都采用整体色不按比例的重构方法，以点、线、面的组合为重点。绿调中的第一套设计运用抽象水墨纹样作为点元素置于整体块面中，体现了点与面留白的疏密关系；第二套运用长短不规则的条形拼接形成统一的整体，结合色相渐变，单纯、充满韵律［图6-1（a）］；第三套的蓝调设计运用了深、中、浅的简明色块，通过几何叠加来增加设计的层次感。整个设计配合简洁的款型，以同样简约的手法将源于壁画的色彩用于其中，以现代化的方式呈现了传统敦煌色彩的意向与韵味［图6-1（b）］。

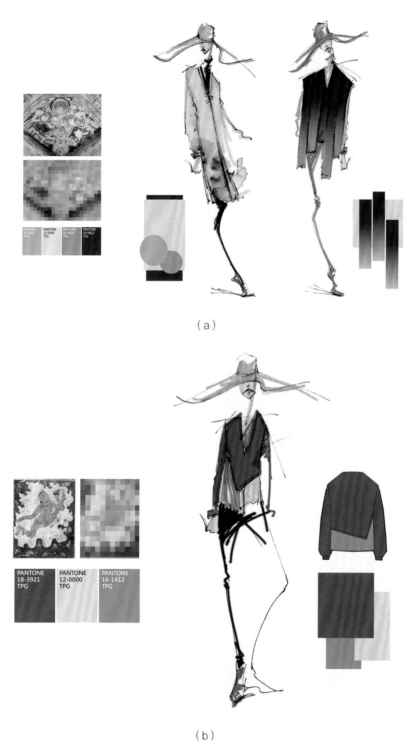

（a）

（b）

图6-1　色彩的采集与重构（徐欣−2012级）

作品《悉达多的少女》以唐代敦煌艺术中的图案色彩作为切入点，选择针织服装为实践的品类，以16～24岁的少女为设计对象，对少女针织服装色彩进行设计研究。作品均采用形、色同时重构的方法，属热抽象。图6-2（a）分别选取了中唐第360窟南壁观无量寿经变中的天鹅形象和中唐第468窟西壁北侧上部的云气纹图案色彩，通过临摹、简化提炼、重组等方法创作出新的图案形象；灰白色的天鹅隐藏在灰蓝色的底色之中，营造出空灵俏皮的少女气质，高彩度的橘土红色凸显时尚趣味。图6-2（b）是对初唐第321窟南壁法华经变画中的宝器形象色彩和形态的重构设计。作品对原有图案的颜色进行了明度和彩度的调整，选取了非常典型的浅土黄色与土红色，营造出温暖随性又浪漫可爱的少女风貌。图6-2（c）是对盛唐第172窟南壁壁画中的乐器形象色彩和形态的重构设计。服装选用了与壁画底色相同的浅沙色，结合透明的PVC面料和数码印花图案，颇显女孩子的俏丽与个性。图6-2（d）是对盛唐第103窟西壁龛顶宝相花边饰中的云气纹图案色彩和形态的重构设计。将橘褐色云气纹绣片点缀在灰粉绿色针织上衣的下摆处，搭配浅棕色的针织面料短裤，清丽秀美又复古怀旧的少女意趣跃然眼前。作品意图用传统文化增加少女装的设计内涵，尝试传统与前卫设计的结合，为敦煌艺术的创新设计提供思路。

（a）

（b）

图6-2

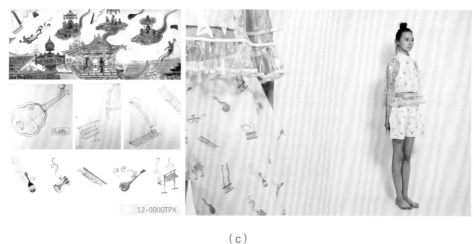

（c）

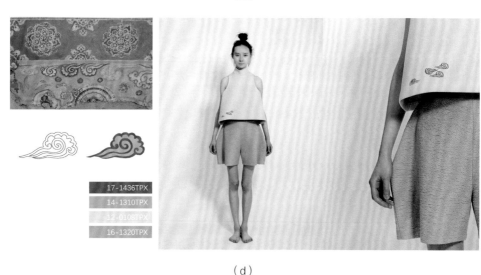

（d）

图6-2　色彩的采集与重构（韩序-2013级）

　　色彩的采集与重构，可谓是一把打开色彩新领域大门的钥匙，它教会我们如何从客观物象中发现美，以至最终来表现美。不仅如此，色彩的采集与重构还能锻炼和培养每个人尽量去寻找一种最适合于自己、并属于自己的原创力，因为艺术中最有冲击力的就是原创性。

第二节　源泉色

一、自然色

　　自然色，指自然发生而不依存于人或社会关系的纯自然事物所具有的色彩。无论是花鸟鱼虫、飞禽走兽，还是明月星空、蓝天白云、青山碧水……这些来自生态领域的色彩，可以说是大自然最原始的、未经修饰加工的颜色，其本身固有的性质都包含着美的规律。那山巅岩石的结晶构成、高山苔藓的滋生状态、树皮的裂纹节理、秋林的红叶、花草的盛开和结实、和谐的鸟羽和皮毛、贝壳的斑痕等纹理组织和颜色关系，无不蕴藏着有趣的、奇妙的装饰价值。这些自然色彩的奇景常常使人叹为观止。华裔画家兼摄影家程子然说得好："利用自然环境学习颜色真是事半功倍。"

从多年来国际、国内流行色的发布看，许多色组的提出都是以广阔的大自然为猎取目标的，如森林色、沙滩色、枯草色、岩石色等。其中不少色名也是由动植物、矿物的名字来命名的，如孔雀绿色、杏黄色、玫红色、蟹青色、棕灰色等。自然色已成为色彩学习中不可缺少的研究对象。

1. 四季色

春天的色彩朝气蓬勃、明朗活泼。春天的空气有云霞、有水分，映入眼帘的多是经过空气层的明调中间色（带有粉灰味）。黄绿色是强调春天特征的色，因为它能让人联想到植物的发芽。黄色最接近于阳光，也是迎春花、油菜花的颜色。白色的玉兰花，粉红、淡紫色的桃花、杏花、牡丹花和各种明色的中间色，都含有表现春天自然色的秩序与客观性。

夏天是成长、充实、旺盛的季节，这时的自然界枝繁叶茂，无论是形状或色彩都是最豪华的，充满了密度，洋溢着精气。色彩间多为高彩度的色相对比，再以明度对比（长调）、补色对比作为自然秩序的表示。光线与阴影的强烈对照是夏天的特征。

秋天是收获的季节，色彩新鲜而透明，如橘子色、苹果色、山里红、紫葡萄、菊花、串红等。秋天很少有绿色，除常绿树木外，都变成了红叶、橙叶、黄叶和棕褐色落叶。落叶后的树木将收获色强烈地映衬在清澄的秋天背景中，辉耀而和谐，饱满而又丰满。

冬季的自然界受雪与冰的支配，非常消极，色味少，到处布满灰色。但冬天里的梅花、水仙花、兰花、雪松、冰花、树挂、枯枝等也会使人们流连忘返。透明而稀薄、略带蓝味或灰味的色彩是冬季色彩的特征。

2. 动物色

在种类繁多的动物世界中，体表色彩可说是它们的重要特征之一。像壳色美丽而有光泽的贝类，有着漂亮翅膀及花斑的昆虫蝶类，体羽颜色变化多端的鸟类，色泽惟妙惟肖的鱼类，体背纹样与色彩富有节奏规律的爬行类，体表一般有毛、毛密且具光泽、颜色各异的哺乳类等等。这些生动、奇妙的色彩和色彩组合，加上不同肌理的表现，给我们提供了一个学习和研究色彩的天然宝库。

在动物色彩中，蝴蝶的色彩尤其突出，它丰富、协调、多变，是美丽的一种象征。蝴蝶色基本上都是以身体为中心成左右对称分布排列的，变化的方向多是从里到外，由上而下。变化的方式有间隔、渐变、重复、强调、呼应等。大部分蝶色都有主色调，只有少数蝶色是深浅色均衡分布的。深底色一般有黑色、灰褐色、暖褐色、蓝紫色、深绿色等，浅底色有白色、淡黄色、肉粉色、浅豆绿色等，中明度的底色有钴蓝色、土黄色、黄褐色、草绿色、橘色等。底色的深浅、冷暖、鲜浊与否，是决定蝶色主调和对比强弱的关键。蝴蝶色彩无所不包，它们有的艳丽、有的素雅、有的明快、有的沉着，真可谓千变万化（图6-3）。

贝类色彩体现了更多的统一和协调。其中以白色、乳白色、青白色底子为多，上起淡黄色、土黄色、红黄色、黄褐色、粉褐色、赭石色、紫褐色、土红色、黑褐色等各色斑纹，多属同类色不同明度色组的组合。贝壳花纹有的犹如国画中的渲染，有的有着精致的雕刻，有的纹理似织锦般华丽，有的花斑则伴着许多刺状高高突起。象金色峨螺、玫瑰岩螺、字码芋螺、虎斑宝贝、紫斑钟螺等，这些名字本身就说明了它们的形色特征。贝类总的色彩感觉是偏暖的、柔和的、雅致的、光洁而漂亮的（图6-4）。

鱼类色彩同样绚丽而多姿，像白点河豚（体色为黑色，上面各处均有细密之白色圆点，黑白分明十分耀眼）、五带叶鲷（体色为绿色，体侧有粉红色到红色的纵带花纹；有的鱼体底色由绿色转为蓝色，绿色中还时时闪现黄色点，鱼体上起紫色带状花纹。鱼色十分鲜艳，对比强烈）、黄背兰雀鲷（体色为艳蓝色，与背部的艳黄色形成强烈对比）、紫方斑花鲈（体色从橙红色过渡到红紫色，体侧中部有浅紫色方形斑纹，臀鳍是艳蓝色，灿烂无比）等，一个个似乎都出自超级调色大师之手，让人为之惊叹！

另外像珊瑚、鸟羽、兽毛、蛇皮等都有着奇异美丽的色彩关系，这里就不一一讲解了，以上就算是抛砖引玉吧。

3. 植物色

（1）花卉色：一提到花，人们总会与其相应的色彩联系在一起，如黄色的迎春花、白色的茉莉花、马蹄莲、玉兰花，红色的木棉花、美人

图6-3　自然色采集——蝴蝶色

（李明亮-1997）

图6-4　自然色采集——沙滩色与贝壳色

（谢伊雯-1992）

蕉，粉红色的秋海棠、荷花，橘色的萱草花，淡绿色的灯芯草，黄绿色的夜来香，淡紫色的丁香花，蓝紫色的凤眼蓝，蓝色的勿忘草花，紫红色的百里香等，令人目不暇接。如果我们进一步观察下去，就会从花冠、花瓣的形状与花色之间、花瓣与花瓣之间、花瓣与花心之间、单枚花瓣的根部与边缘之间、花瓣上面的纹脉与斑点、花瓣的正面与反面、花头与花托和花梗之间发现一些更为有趣的、丰富深入的、对比有序的色彩关系。例如，黄色花瓣、黑褐色花心的单瓣金光菊；淡紫色花瓣有着斑点镶嵌的蝴蝶花；花冠外面深红、内面洋红、喉部绿黄的令箭荷花等，它们有的如火如荼，有的纯净脱俗，真可谓是争奇斗艳（图6-5）！

（2）瓜果色：不同形状的瓜果总是伴随着不同的色和不同的肌理被人们所认识。瓜果中除蓝色极少外，可以说各种颜色都有。红色瓜果类有草莓、樱桃、山楂、李子等；黄色瓜果类有柠檬、佛手、鸭梨、香蕉等；黄橙色和橙红色类的果子有柑、橘、柿子、枇杷等；绿色瓜果类有苹果、苦瓜、冬瓜、黄瓜等；褐色系的瓜果有椰子、龙眼、藕、荸荠等。有一部分果皮色由于上面有色晕而显得漂亮动人，像桃子，绿白皮上有桃红色晕；金黄色杏上的红晕等。还有不少瓜果的表皮有着好看的斑纹和肌理，如绿中夹着蛇纹的西瓜；表皮赤褐色、黄褐色或赭色，上有蛇纹、网纹或波状斑纹的南瓜；果皮具多数鳞斑状突起的荔枝等。再加上麦子、稻谷、玉米、榛、栗、莲子、花生、各类豆子的色彩，果实色可说是丰富之至。

（3）叶草色：叶草色不只属于绿，尤其是到了秋天，各种树叶都开始产生颜色的变化，有的从绿变黄，有的从黄变红，有的从红变棕……从一个具体的树叶到一棵树上下左右及里外的树叶，再到错落重叠的一组树木，最后到满山遍野的林群，都能品味出叶色那惟妙惟肖的色彩变化。特别是银杏叶、红叶、枫叶、柿树叶，叶子不仅有淡黄色、杏黄色、中黄色、橘黄色、橘红色、大红色、紫红色、黄绿色、中绿色等比较纯的色，而且还包含了黄褐色、棕褐色、锈红色、绛紫色、红绿色、橄榄绿色、茶绿色等过渡色和复色。秋天的树叶浓艳多彩，常给人以无限的遐想。另外，纯粹以叶为观赏对象的植物也有着丰富的叶色变化，如变叶木、虎尾兰、锦叶葡萄、五彩千年木、三色龙血树等，这些花花草草常给配色带来惊奇。

（4）树皮色：如果说瓜果色、花卉色、叶草色带给人们清新、艳丽和活泼的感觉，那么树皮色体现的则是含蓄、高雅和沉着。从整体看，树皮色多为中明度或中偏低明度的色，彩度低，色相以暖灰色为主，其中又以褐色系的色为多，如灰褐色的冷杉、淡褐色的铁

图6-5　自然色采集——花卉色（吴波-1991）

杉、暗褐色的长苞铁杉、红褐色的台湾杉等。另外，灰白色（银白杨）、淡黄红色（赤松）、青绀色（赤杨）等树皮色也屡见不鲜。结合树皮的质感（薄、厚、光滑、粗糙）和表皮裂纹（有的呈纵向、有的呈横向、有的呈鳞状块片）的凸起与凹陷以及不同的树龄，使树皮色各显其特征，有的苍老斑驳、有的刚毅坚韧、有的冷峻孤傲、有的柔和妩媚。无论哪种树，其树皮都能被找到4~5个色，甚至更多的色。树皮色的总体印象是自然、朴实和厚重。

除以上这些典型的植物色外，实际上植物中的藻类、菌类、地衣类、苔藓类、蕨类同样有着丰富迷人、被称绝叫好的色彩和色彩关系，包括那些树木横断面的木材色、幼嫩的苗芽、林间落叶、枯萎的花朵和干草、瓜果的汁肉等，都可成为我们寻觅的方向。

4. 土石色

土石色的范围包括岩石色、泥土色、沙滩色、砂石色、矿石色、礁石色等。那宛如行云流水般的大理石纹、干裂的土地、柔软的沙滩、冷峻的岩石以及光泽四溢的矿石，其色彩关系巧然天成、妙趣横生。例如岩石色，由于大多数岩壁经年累月受风化作用的侵蚀，使岩石质地粗糙、岩块锐利、岩壁峭峻。其节理有的呈横向层叠状，有的呈柱状，有的呈胶结状，有的呈蜂窝状。岩石的色彩分壮阔的咖啡色系，钢铁般坚硬的青黑色系，冷暖交融的青灰色和锈红色色组，柔和的姜黄、豆青、绿灰、灰茶色色组。这些低彩度、中明度的色彩和色彩组合，伴随着高、大、宽、厚的岩石造型，呈现一股雄伟强劲、刚毅不屈、成熟稳重的个性美感。

在寻找土石色时，除观察土、石、沙本身的色彩外，不妨也留心一下它们赖以生存并与之相互衬托的周围环境，如岩石与上面滋生的苔藓、岩块与碎石、岩石与缝隙间的小草、岩峰与蓝天、岩壁与山肌、岩林与树林、立体的岩石与平面的草坡、土与石、土与根、矿石与光影、礁石与水等，从中一定能发现更多的、深不可测的自然天趣。还有可爱的鹅卵石、破旧的砖石、悠远而神秘的钟乳石和石笋等，都是极好的自然色彩。

二、传统色

近年来，在服装设计中将祖国传统的民族风格与现代服装潮流巧妙地结合在一起，已成为各国年轻的设计师推崇和进取的方向。艺术离不开继承前人的经验，成功的色彩设计师离不开对优秀传统色彩的吸收和综合。传统色，指一个民族世代相传的、在各类艺术中具代表性的色彩特征。下面讲的是我们中华民族古老的传统色彩。

1. 彩陶色

彩陶色是指我国新石器时代遗址中出土的一种绘有黑色和红色纹饰的无釉陶器的色彩。它主要以赤红色、墨黑色、土黄色为主，其次是粉白色和青蓝色也有局部使用。彩陶艺术的整体风格古朴而粗犷，它形体完美、纹样结构清晰、描绘自如，色彩单纯并以少胜多，是我国原始文化中灿烂的组成部分。

2. 青铜色

青铜色是指先秦时期用铜锡合金制作的器物色彩，包括兵器、工具、炊器、食器、酒具、乐器、车马饰、铜镜、度量衡等。色彩表现为材料的固有色泽美——青绿色。在青铜器厚重坚硬的质地、以方为主且方圆结合的形体、纯朴沉着的色彩以及雄劲刚健的纹饰美面前，有时会油然而生一种近似神秘、威严、不可亲近的感情，伴随着这种感情往往还能体验到中华民族伟大的民族气魄和磅礴凝重的力量。

3. 漆器色

漆器工艺在我国战国时代应用得相当广泛，有日常生活用具、大件家具、乐器、兵器、丧葬用具等。漆器具有轻便、耐用、防腐蚀以及既可以打磨抛光又可以彩绘装饰等特点，其色彩以黑朱两色为主，大多数是在黑漆地上描绘粗细朱红花纹，也有的再加描黄色漆、金银色，或间以灰绿、白、赭等色彩。装饰技巧除常见的彩绘外，尚有针刻（即锥画）、银扣、雕绘结合等。漆器的色彩风格鲜明、热烈、温暖、庄重、富贵。

4. 唐三彩色

唐三彩，是唐代三彩陶器的简称。它的釉色以黄色、绿色、白色（略带黄味）、赭色为主，其中蓝色用得较少也较名贵，效果鲜明而饱满，丰富而华丽。唐三彩因最初的基调是白色、黄色、绿色而得名，但并不只限于三种釉色。中国丝绸流行色协会发布的1985/1986年秋冬季流行色，其中C—D组就是一组唐三彩的色彩情调。

5. 青花色

青花是传统陶瓷釉下彩绘装饰，以景德镇陶瓷为代表。青花色彩主要是青、白两色。装饰特点为：一色多变，将料分为五个深浅层次（头浓、正浓、二浓、淡水、影水），近似墨分五色，使形象有浓淡的变化。运用写意手法，把国画的笔墨、气韵、意境和陶瓷装饰结合在一起，有的白底青花，有的青底白花，形象简练，色彩单纯。传统青花很讲究青白关系，主要规律是"白多于青""青白相映""形象清爽""层次分明"。青花色协调而融洽，给人以清爽而典雅的艺术美感。

6. 古彩色

古彩原称"五彩"或"硬彩"，是传统釉上釉绘装饰技法之一。它的主要颜色有矾红色、古黄色、古紫色、古翠色、古大绿色、古苦绿色、古水绿色，除矾红色外，皆用清水调用，填色要有一定厚度，烧后色彩单纯强烈，再加上镶宝石，有时还加用本金，更觉华贵富丽。明代古彩，其笔法粗放雅拙，气势宏大。清代古彩笔法挺健有力，形象夸张而有装饰性，色彩明亮。古彩色总的特征雍容、饱满、雅静，其中大面积瓷白色的底子和青色的线、纹都起着很重要的调和作用。

7. 传统建筑色

北京故宫的建筑色彩很有代表性，红墙配金瓦，加上绿色的瓦砖图案，构成了中国传统建筑三大基本色彩。这些宫殿庙宇内部的墙面、屋顶、雕梁画栋等都是色彩汇集的好地方（图6-6）。

三、民间色

民间色，指民间美术品上呈现的色彩和色彩感觉，如大家比较熟悉的年画、剪纸、刺绣、彩塑等。这些民间美术品的造型与色彩，既区别于西方的科学艺术规律，又区别于文人画和宫廷、宗教美术的造型法则。它们完全是以观念艺术的方式去强调造型和构成的。在今天看来，它们即原始又现代，诱发创造性的覆

图6-6　传统色采集——传统建筑色

（陈君峯-1992级）

盖面十分广阔。在许多专业画家和设计师经过种种完善的造型和色彩训练以后，人类那种由天真时期衍生而来的自由表现精神反而受到束缚，人们开始觉察要想接近自然是多么的不易。然而，民间美术的学习和研究，可以重新唤回人们对艺术原发性的感受力，打开一方艺术自由表现的新天地。

1. 木版年画

民间木版年画在我国有着广泛的群众性和影响力。由于它根植于民间，也就决定了其艺术趣味有着各自的地方特色和风格上的差异。就色彩的配置来说，天津杨柳青年画多以粉金晕染，用粉紫色、橙色、绿色较多，设色中加用推晕方法，使画面和谐柔美；四川绵竹年画全是墨线填彩，多用洋红色、黄丹色、品绿色、桃红色、佛青色，以浓艳色彩见长，画面鲜丽清亮；陕西凤翔年画强调浓墨色、浓紫色、大红色、翠绿色、黄色及叠色，色调热烈，有着西北的古朴风貌；广东佛山地区多出产银红和金、银、铜、锡箔等材料，因而在画面上多用红丹做底色，辅以大红色、黄色、绿色，并用金、银勾线，显得绚丽多彩；苏州桃花坞年画惯用红色、黄色为主色，辅以蓝色、绿色，再以黑色轮廓线醒目，用色虽不离红、绿等色，但色度多浅淡而素雅；山东杨家埠年画重用原色，如红色、黄色、绿色、紫色，再加上黑组成基本五色，对比鲜明，非常富有表现力。

从总体看，民间木版年画纯色使用较多，着色技艺的准则是单纯、明丽。如"红离了绿不显""黄能衬五色之秀""紫没有黄不显""红加黄，喜煞娘""赭紫不靠红，蓝可深浅相挨""软靠硬，色不楞""粉青绿，人品细""文相软，武相硬""女红、妇黄、寡青、老

褐"等，这些"画诀"都是老艺人长期的经验积累所形成的一套类型化、程式化的用色方法，也是世世代代民间艺术大师们勤劳和智慧的结晶。

2. 染色剪纸

染色剪纸是一种有着强烈对比的浓艳彩色剪纸，它是用白粉纸剪出形象后，以几种颜色点染而成。颇具代表性的是河北蔚县的窗花。窗花通常用粉莲纸为原料，以白酒调品色点染，染出的色彩都很鲜艳，但经过一个时期，色彩的火候褪了，则添加上一层古朴之感。另外，着色时用毛笔蘸以各种颜色，一笔下去产生色彩浓淡的不同变化，也是染色剪纸的一种特殊效果。通常点染的颜色有大红色、桃红色、橙色、黄色、绿色（黄绿色、蓝绿色）、湖蓝色、紫色、赭色，戏剧人物剪纸还需加上肉色、紫黑色或蓝黑色。如此多的色相，再加上颜色的深浅变化，显得又丰富、又华丽，富有浓郁的"乡土"气息。仔细研究这些彩色剪纸，那些印象中貌似一样的色彩，实际上在每一幅剪纸中都表现不同，如以蔬菜为主的绿调、以花卉为主的暖调、小动物的浓重色调、盆景组合的清秀色调等，用色的最高境界达到色调与画面的情调相结合。染色剪纸的风格朴实、富于装饰性，既简练、又生动活泼，散发着一种纯真、直率的美（图6-7）。

图6-7　民间色采集——染色剪纸（王飞-1991级）

3. 泥人

泥人也称"泥塑"或"彩塑"，通常分为陈设小品及儿童玩具两大类。其彩绘方式大体有三种类型：第一种是在白底色上进行彩绘，第二种是在黑底色上进行彩绘，第三种是在红底色上进行彩绘。白底彩绘有河北高碑店市的"白沟泥人"（色彩艳丽，常用淡黄色、草绿色、大红色、桃色、黑色来彩绘），陕西的"凤翔泥人"（色彩对比强烈，有大红色、深绿色、桃红色、浅黄色等，并以墨线勾画纹样），山东高密市的"聂家庄泥人"（彩绘色用桃红色、紫色、翠绿色等，并间有金色线纹，颜色常用推晕过渡的方法）等。黑底彩绘有陕西西安的"泥叫叫"、河南淮阳的"泥巴狗"以及河南浚县的"泥咕咕"。"泥叫叫"的彩绘颜色一般为大红色、大绿色、大黄色、大白色等；"泥巴狗"的装饰纹样多用点线，色彩鲜艳，如白色、大红色、浅绿色、浅黄色等；"泥咕咕"的彩绘以白色、粉红色、浅绿色、鹅黄色为主。还有一部分"泥咕咕"是以红色（暗红色）为底，在上面彩绘大红色、紫色、绿色、黄色、蓝色等。总体来看，白底彩绘秀润、明朗、纯艳，红底彩绘显得热烈，黑底彩绘显得厚重。这些质地朴素自然、装饰率意生动、设色强烈而欢乐的泥玩具，看起来可能有点稚拙、粗糙、不太合规矩，但正是这许多并不以"创造"为目的的民间美术品，却创造出了最真诚、最自由的美。

4. 少数民族服饰色

这里介绍几个服饰用色较为典型的民族，供大家学习和参考。

（1）苗族：其服饰色彩以锦绣斑斓、色彩缤纷而引人注目。《中国苗族服饰》一书将全国的苗族服饰划分为五个类型：湘西型、黔东型、黔中南型、川黔滇型、海南型。湘西型（如湘西的泸溪、古丈南部和吉首东部地区）的妇女穿海蓝色立领大襟窄袖短衣，无花饰，戴挑花胸围兜。男、女均围白色头帕，帕角绣青色花蝶，朴素美观，独具风韵。黔东型服饰上刺绣挑花、蜡染、编织运用比较广泛，制作亮布是这个地区的特点。暗底衣身上有的以红色、绿色纹样为主（贵州台江县台拱地区、施洞地区的女盛装），色彩浓艳；有的以绿色、蓝色装饰为主（贵州贞丰县的女服，三都、都匀、丹寨的女盛装），色彩庄重典雅。川黔滇型服饰以挑花、蜡染为主，服色较黔东型浅、冷，银饰很少用。例如云南昭通的白色麻质衣裙；贵州毕节市燕子口妇女常服，深蓝和白色的麻布褶裙；四川古蔺县女装，青色衣，黑白相间的挑花胸兜，蜡染加挑花或镶贴的褶裙，白色与浅灰色头帕。黔中南型兼有黔东型与川黔滇型两者的特点，上衣花饰较黔东型少，但颇富特色的多层衣角、披带、背牌等配件绣制极为精致，有的背牌还缀有银片、银泡、海贝等物，工艺以挑花为主。例如贵州贵宝县云雾地区的妇女装束，服装色彩以蓝白两色为主，成组的银片佩戴在胸前和衣领边，简明而大方。海南型的妇女常年穿着深蓝色上衣，腰系丝织彩带，下围蜡染短裙，银饰较少，只戴耳环、手镯（图6-8）。

（2）瑶族：瑶族服装常用以彩色棉线或丝线在平纹布上满绣花纹的面料，面料上不留大面积空地，犹如织锦。织彩带，在瑶族中也很有特色，常用于女子头上、胸前、裙边和腰带。瑶族锦绣的色彩古艳厚重、斑斓富丽，色彩间经常巧妙地运用黑色、白色来间隔，使对比强烈而又和谐，艳而不俗。例如，盘古瑶的衣襟挑花，黑底上用大红色、玫瑰红色、粉绿色等；广西金秀瑶女装，橘红、橘黄调子的花饰装点在深蓝色、黑色的衣底上，配上白色的围巾、腰带和头巾（包头巾分两层，下层是深蓝色，上层是白色）；广西龙胜地区的红瑶女装，上衣的饰花和腰带均以桃红色为主，间有少量群青色、粉绿色、白色、黑色。瑶族人认为，红色表示喜悦和吉庆，绿色和黄色表示忧虑和哀伤，这是瑶族人民在色彩感情上所持有的特殊表现。

图6-8 民间色采集——苗族服饰（伍美彦-2007级）

（3）黎族：筒裙和黎锦是黎族服饰的重要特征之一。筒裙面料多用黎锦（在染过花的经线上再用彩纬挑织花纹）。黎锦的配色较为简练，概括性强，稳重典雅，很富秩序感。一般聚居在山区的黎族使用色彩比较大胆，而居住平地的则比较调和、适中。例如，三亚、陵水、保亭、东方一带的黎族织锦，其色彩是在对比中求调和，在素雅中见光鲜，有华而不俗、素而不简的特点；在琼中、通什、白沙、昌江、乐东一带的黎族妇女则喜欢使用大红色为基调，在黑底色上织绣着大红色、黄色、紫色、绿色等，对比较为强烈。有些地方加上金银箔、云母片、羽毛或缀以贝壳、串珠、铜铃等，使织锦闪闪发光，并增强了穿着时的声色效果。黎族妇女素以美容和装饰为世人称道，其中耳饰和文身最为驰名。

（4）藏族：藏族传统服装面料中最有特色的是氆氇，其彩条氆氇可作为女子服装的前围腰，也常作为男袍的边缘装饰。这种犹如天上彩虹般色泽的氆氇，通常用大红色、朱红色、橘黄色、柠檬黄色、绿色、深蓝色、天蓝色、白色、紫色等，系在以棕色、紫红色、黑色、蓝色为主的服装上，色彩显得明快而艳丽，也突出了藏族同胞热烈、豪爽的性格和对生活的热爱。无论男女都喜戴呢帽或细皮帽。男子有种侧卷檐皮帽，帽檐向侧前方延伸上翘，很有特点。女子爱裹红色、绿色方巾，或是将辫子中夹彩带盘在头上，成彩辫头箍；腰佩银质奶钩，耳坠松耳石，颈环玛瑙，手腕戴玉镯，还有如佛珠、银牌、银链、银环等一些精美配饰，品种形式繁多。喇嘛的袈裟通用紫红色氆氇制成，用长幅缠身，下穿围裙，足蹬长靴，头戴僧帽。

（5）土族：土族服饰鲜艳、明快，对比强烈，用色之大胆似为各民族之首。女子喜欢以各色面料在衣服上做彩条饰带，男女服装均喜以各色布缘边，并在领、袖、帽、靴上精绣各种花纹。女子服装是上着彩条袖大襟袄（两袖由五节不同颜色的宽布圈组成，色彩有翠绿色、姜黄色、朱红色、玫红色、天蓝色、白色、黑色等），下着长裙，有时在外面套上黑色背心，系上宽腰带，显得特别雅致。头戴尖顶上翘翻檐毡帽，脚穿绣花靴。土族人非常重视装饰，妇女佩带的耳坠大且长，造型复杂，做工精良，以珠穗垂至胸前，银色的项链、手镯，镶有各色彩石、银箔的挎包，再加上各种配饰物的颜色，使土族服饰独具风格。

（6）傈僳族：女子服装以色彩丰富、装饰规则为突出之处。一般穿前短后长的深蓝色或黑色上衣，外套各种色布拼缝而成的坎肩，下着里外双层的长围裙，从后看衣下摆似短裙，从前看围裙及地像筒裙。头上饰以红白色料珠，胸前有彩色料珠穿成的项圈，肩挎被称为"拉贝"的珠链和挎包。腾冲、得宏地区的妇女还将两片精美的三角垂穗缀彩球的饰品围在腰后，成为西南民族服饰中最典型的"尾饰"。傈僳女子的服装到处都是鲜艳的色彩，她们将松石绿色、大红色、湖蓝色、橘黄色等色布裁成方形、长方形、长条形等形状，将其组成几何图案缝在衣服之上，再绣上各种图案，其中尤以层层彩绣边饰为多，遍及全身却毫无雷同之处，形成傈僳族女子服装的特色。

（7）景颇族：景颇族服饰的色彩特征是黑色、红色、银色。女子多着黑色圆领、对襟或左襟窄袖短上衣，下着红色调景颇锦裙或花色毛织筒裙，腿裹毛织护腿。头上露发、发上缠珠或裹筒状包头。腰有宽而长的腰带，并以藤圈套在腰间。尤为突出的是她们喜用银饰，如银泡、银扣、银链、银片、银币等饰物，缀在黑色的上衣上，光灿耀人。黑色与红色相间，再加上闪闪的银光，显露出原始、强烈的意味。

五十六个民族有着五十六种奇妙的服饰，它们各具鲜明的地区特色和各自的民族传统，可以说无一雷同。这正应了这样一句话："民族的形式，以及民族文化的标志之一是反映在服饰上的。"

四、绘画色

1. 中国传统绘画色

中国传统绘画色可以从两个方面来谈：一是水墨色，二是壁画与绢画色。

（1）水墨色：近一千年来，水墨是中国绘画中最具代表性的一种绘画方式，即以无彩色的黑色、白色、灰色为基色，加上适量有彩色的绘画。墨看似单一，但在表现物象的体积、质感、空间感、意境和色泽明暗等方面有着不可比拟的造型功力。墨具五色，墨与水的结合使黑色显现出焦、浓、重、淡、清的色彩层次。墨、水、笔（毛笔）、纸（宣纸）的相互晕化，带给我们的是勾、皴、擦、点、渲、烘、染等传统绘画特有的笔法，以及泼墨、焦墨、破墨、积墨、擂墨等多姿多彩的技巧。"诸如宋代苏轼具浓墨以备，喜在淡中用浓墨；清代朱耷遇淡墨已成，爱在浓中用淡墨；清代程邃常在湿变中用极干墨；清代郑板桥能在一两三枝竹竿，四五六片竹叶中，勃发笔法瘦挺，墨色淋漓的竹中有竹、竹外有竹之色；近代吴昌硕、现代齐白石爱在墨中用浓艳的色，拓展以墨色压之则庄重，以墨色托之则清新的景。"水墨画传达的是不同深浅的黑、白、灰和它们之间的皴、擦、点、染，以及嫩（墨）与老（墨）、虚与实、简与繁、动与静、墨中有色与色中有墨的微妙境域。

（2）壁画与绢画色：壁画包括墓室壁画、石窟壁画、寺观壁画。比较著名的有陕西乾县唐代章怀太子李贤墓，永泰公主李蕙仙墓；甘肃敦煌的莫高窟；山西芮城永乐宫的元代道教壁画；北京西郊法海寺的明代佛教壁画等，都是现存的壁画珍品。壁画是在墙上所画，其性质决定了壁画的画风与色彩效果极为粗犷、有力。颇具代表性的传统壁画色非敦煌莫高窟莫属，现也常称作"敦煌色"，主要以土红、土黄、石青、石绿四种基本色相为主。土红系列中有朱红色、棕红色、辰砂色、赤茶色、赭石、绛红色、黑红色和深红褐色；土黄系列中有灰黄色、棕黄色、黄白色和土黄色；石青系列中有灰蓝色、蓝紫色、湖蓝色、蓝绿色、群青色、蟹青色和花青色；石绿系列中有灰绿色、深橄榄绿色、浅粉绿色、草绿色、三绿色、果绿色、豆绿色和苔绿色；还有一些色相感不明确的如白灰色、米灰色、黑灰色、黑褐色和紫灰色等颜色。敦煌色单纯、浑厚、绚丽，强调色彩的装饰美，是反映我国西域传统文化不可多得的、也是独有的一种色彩意象。绢画的材质轻薄透明并富光泽，绢面平滑，运线流畅，赋色细腻，非常有助于工笔画的表现形式。例如隋代展子虔的《游春图》，唐代周昉的《挥扇仕女图》，宋代赵佶作的《祥龙石图》等。无论是壁画还是绢画，其设色方法都在于装饰色彩的应用。秦汉时期的绘画色彩多是原色，朴拙纯真，自然而轻松。魏晋南北朝时期的敦煌壁画，其色彩受西域佛教艺术的影响，色相的运用增多，色彩亮丽而优雅。唐朝在此之上又加入了金、银、铅粉等，使之更加富华而浓艳，豪迈而奔放。唐代以前的绘画多用勾线填彩画法，到了晚唐，水墨才兴盛起来。宋代是我国绘画达于巅峰的时期，也是水墨画的高扬时期，对色彩最大的贡献是将色彩的运用方式更加细腻而秩序化，如花鸟、人物、山水、走兽、羽毛等，各有不同的赋彩方式；画面色彩较之唐素雅、暗淡一些。

中国传统绘画中的颜料有石色和草色两大类：石色如朱膘、赭石、石青、石绿、石黄等，质沉厚重，色光谐静，不易变化；草色如花青、藤黄、胭脂等，透薄灵活，明爽可变。传统的颜料加上特殊的笔、墨、纸、绢、砚等，构成了中国传统绘画色彩的独特风格（图6-9、图6-10）。

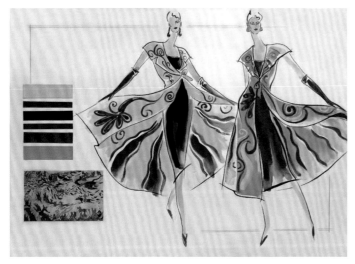

图6-9　绘画色采集——敦煌壁画

（徐晶-1993级）

图6-10　绘画色采集——中国

传统绢画（吕波-1993级）

2. 西洋绘画色

西洋绘画色彩给人的总体印象一般较为浓艳、厚重和丰富。这里从西方绘画的流派入手，通过不同画派的艺术主张来学习他们的不同风格及各画家的用色特征。

（1）古典主义绘画：其代表性画家有达·芬奇、安格尔等。他们的绘画很注意人的比例与结构、光线与阴影、形象的凸凹等问题；画面以赭色、褐色、黄色、黑色、白色为基础的明暗调子为多，色彩时常总是迁就于明度的变化和客观的感觉，作品画面显得沉闷而灰暗。如达·芬奇的《蒙娜丽莎》，从中可体会出一种庄重、典雅、厚实、形体感分明的古典主义美感。

（2）印象派：该画派可分为前期、后期和新印象主义。印象派画家认为一切自然现象都应从光的角度来观察，一切色彩都来源于光。他们的作品往往带有速写性，画面为色块所组成，很少有一根肯定的线。印象派作品的色彩以日光七色为基础，改变了以前灰暗、单调的画风。前期代表性画家有莫奈、西斯莱、毕沙罗和雷诺阿等。尤其是莫奈，"他不仅广泛地运用不混合的颜色，他还在各个部分用短而小的笔触，一点一点地画到画布上，以求再现纹路与光的颤动"，如作品《干草堆》《卢昂教堂正面》《池塘睡莲》等。莫奈的风景画，是探求光和色独立审美价值的典型代表。后期画家不满足于印象派片面追求外光和色彩，反对"客观主义"地描述自然，提倡艺术要抒发主观感情和自我感受，并以此改造客观物象，强调要描绘出客体的内在结构，表现出它的具体性和稳定性，重视形和构成形的线条及色块，使之富有体积感和装饰效果。代表性画家有塞尚、凡·高和高更。塞尚重观念、重结构，画中颜色以绿色、蓝色和赭色占主导地位，把对象挥扫成多面的形体而显出夸张和装饰趣味，如作品《玩牌者》《苹果与橘子》等。凡·高的色彩单纯而强烈，以色块的凸起、线条的粗犷有力而跃动为特色。凡·高喜用黄色、深青色与藏青色，《向日葵》几乎成了他的标志。高更的绘画以纯净而鲜明的神秘色彩、粗犷的用笔和东方风味之面的平静装饰美打动人，从中还能欣赏到一种浪漫的诗的意境。高更在塔希提岛的作品多为翠绿色和橙黄色色调，如《我们从何处来？我们是谁？我们往何处去？》。新印象主义也称"点彩画派"或"分色主义"，创始人为修拉。他们对光和色进行了分解，不再在调色板上调合颜色，而是将颜色并置，创造出一种用长条笔触和圆点绘画的技法。新印象主义一方面把印象派的试验科学化和法则化，另一方面也被固定的法则所束缚。《大碗岛的星期日下午》是修拉应用分光法最杰出的代表作。修拉与塞尚同被称为打开20世纪新艺术大门的人（图6-11）。

图6-11　绘画色采集——印象派（王悦-1993）

（3）野兽派：其特点是更强调个人的主观精神，形象夸张变形，色相单纯，色彩对比强烈，线条质朴简练，不采用明暗法而多用平面化的大色块，追求浓厚的装饰性趣味。野兽派主张绘画发挥直觉作用，达到像原始艺术和儿童画那样单纯而天真的地步。马蒂斯是野兽派最杰出的代表性画家，如作品《红色的和谐》《舞蹈》等。无论是绘画还是剪纸，其画面都很简洁、清晰，省略多余的细节，以单纯的线条和色彩构成。

（4）立体派：立体派艺术家把体和面作为自己表现的重点，并要求表现物象时不受时间、空间的限制。这一绘画流派主张构图以球体、锥体、圆球体为基础，把自然形体分解为几何切面，使它们互相重叠，或者在画面上同时出现无数的面，以此在平面上显示出长度、宽度、高度与深度，乃至客体内在的、视力看不到的结构。立体派将绘画归结于"造型"，建立了纯粹形象抽象化的美术的基础。如果说野兽派是"色彩"的解放，立体派就是"形体"的解放，它从根本上挣脱了传统绘画的视觉观和空间概念。立体派的代表性画家有毕加索和勃拉克等。《亚威农的少女》是毕加索的第一幅立体主义绘画，这幅画显示了一个原则：绘画不再是客观世界的奴隶，一幅画可以与人物、风景和静物无关而独立存在，它是线条、色彩和形状在画面上的抽象安排。

（5）表现派：表现派与后期印象派一脉相承，要求作品表现更强烈的主观性，并注重发掘德国中古艺术中重个性、重感情、重主观表现的传统，在造型上追求强烈对比、扭曲和变化。表现手法有的追求夸张、变形；有的倾向于抽象；有的注重鲜明的视觉效果，用高彩度甚至不加调和的色表现人的情感，如佩克斯坦的《舞蹈》，施米特·罗特鲁夫的《月儿初升》。但他们的出发点是一样的：表现自我，反对一切法则，只相信自己所创造的现实，只有自己的心灵才是世界的真正反映。

（6）超现实主义：这一画派认为绘画中应强调无意识的发现，偶然的结合（机遇性），梦境的真实再现。超现实主义画派的手法上不拘写实、象征和抽象，代表性画家有克利、达利、米罗等。克利说过："艺术并不描写可见的东西，而是把不可见的东西创造出来"。他的作品是将点、线、面和空间等绘画因素按照自己的知觉和逻辑法则组成的非现实世界，作品有《围绕着鱼》《高尚的园丁》等。达利称自己的作品是"激奋状态下的产物"，"是在潜意识的支配下，自发涌现出来的"，是"由弗洛伊德揭示了的个人的梦境与幻觉"。达利的作品有《记忆的永恒》《内战的预感》等。米罗被称为"把儿童艺术、原始艺术和民间艺术揉为一体的大师"，他的每幅画都追求"与黑色、猛烈和有动势的对比"，画中充满了稚气的幻想和天真的幽默感。他始终喜爱怪诞的事物，作品有《女诗人》《绘画》等。超现实主义作品多有着某种神秘感和奇异的情调。

（7）抽象主义：抽象主义美术有两种类型：一是从自然物象出发，对具体物象加以简约，抽取其富于表现特征的因素，形成极其简单、极其概括的形象；二是几何构成的抽象，反映了艺术表现由外部世界转向人的内心世界、从描绘外在事物到表现人的精神的一般趋势。抽象主义的观念、语言还受到工业和科技的影响，如机器运转的速度、力量、效率这些对视觉来说比较抽象的因素。另外，现代化的建筑和环境也要求与之相适应的更为概括和简练的形式语言。最有代表性的第一代抽象主义画家为俄国人康定斯基和荷兰人蒙德里安。前者主要创造抒情抽象作品，后者是几何抽象的开拓者。康定斯基认为，绘画也应该像音乐一样，不描绘具体物象，而通过自己独特的形式因素——色彩、线、块面、形体和构图来传达各种情绪，影响人们的心灵，激发人们的想象。康定斯基的代表作品有《蓝色天空》《几个圆圈，第323号》等（图6-12）。

图6-12　绘画色采集——抽象主义（关莹-2018）

（8）风格派：其又称为"新造型主义"，蒙德里安是它的领袖人物。风格派艺术是19世纪末、20世纪初欧洲唯美主义和唯美主义文艺思潮的产物。主观唯心主义者马赫的"经济思维"被引进了美学范畴，按照这个原则，世界处于极度的烦恼之中，在经济浪潮的冲击下，应力求一种静止、经济、追求浪费极少的"力"。风格派拒绝使用具象元素，认为艺术不需呈现自然事物的细节，不需要表现个别性和特殊性，而应该以抽象的元素构建而成，获得人类共通的纯粹精神的表现。风格派主张艺术语言的抽象化与单纯性，提倡数学精神。蒙德里安等人的绘画特点是在平面上将横线和竖线加以结合，形成直角或长方形，并在其中安排面积不等的红、蓝、黄三原色，以求得力量的匀称和平衡。作品《红、黄、蓝构图》是蒙德里安艺术思想最集中的表现，他创造的图像风格对于现代绘画、建筑和实用工艺美术设计产生了不可忽视的影响。

色彩从古典主义近似单色的使用，印象派客观地对色彩的狂热追求，野兽派主观地色彩运用，到立体派将色彩做各种分析、组合、简化和装饰，超现实主义注重色彩的心理反应，风格派最纯粹的原色使用，清楚地展现出一条西洋绘画色彩的发展变化轨迹，变化的结果应该说是艺术探索的必然产物。一部绘画史，也是一部色彩的历史。

五、异域色

如果将视野扩展到世界民族这个大家庭中，从埃及动人心弦的原始色彩、古希腊冰冷的大理石色调、罗马帝国浑厚温暖的颜色，以及阿拉伯那宝石般闪亮的光彩，到充满土质色调的非洲、古老而且豪放的拉丁美洲，或是日本那种审慎的中和性色调，都将激发今天的人们许多灵感。在色彩学习的道路中，要把握住学习新的色彩语言的每一个机会。

六、图片色

图片色指各类彩色印刷品上好的摄影色彩与好的设计色彩。图片上可能是热闹非凡的集贸市场，也可能是寂静空旷的大草原；可能是美丽动人的少女头像，也可能是机械冰冷的工业零件；可能是气势宏伟的现代建筑，也可能是饱经沧桑的古老城墙。图片中可以说应有尽有，不管它是什么内容，只要色彩是美的，对我们的创作有所启示，它就是好的采集对象（图6-13）。

图6-13 图片色采集（肖渝-1991）

七、综合色

一个方面的东西往往会带给我们另一个方面或多个方面的启发，这时很难准确地用什么色来说明，灵感的来源应该是多方位的，这里我们称它为综合色。

思考题

1. 怎样看待服饰色彩中的文化价值？
2. 在中国传统色彩中，你熟悉或者是喜欢哪一类？

练习题

1. 自然色的采集与重构（习题6-1-1）

2. 传统色的采集与重构（习题6-2-1～习题6-2-9）

3. 民间色的采集与重构（习题6-3-1～习题6-3-3）

4. 绘画色的采集与重构（习题6-4-1～习题6-4-8）

5. 异域色的采集与重构（习题6-5-1～习题6-5-3）

6. 图片色、综合色的采集与重构（习题6-6-1～习题6-6-11）

● 要求和方法：

（1）在近些年的教学中，这一部分的练习更加强调了对中国传统色彩、民间色彩的学习。通过具体的作业，引起同学们对中国文化的关注。

（2）图片色、综合色的学习比较广泛，不管什么内容，只要是有意思的色彩都为我所用，能大大激发同学们对色彩学习的兴趣和愿望。

习题6-1-1　自然色采集（臧迎春-1991级）

习题6-2-1　传统色采集（罗玉盈-2013级）

习题6-2-2　传统色采集（孙思然-2007级）

习题6-2-3　传统色采集（刘烨-2007级）

习题6-2-4　传统色采集（冷方-1994级）

习题6-2-5 传统色采集（吴绮雯-2009级）

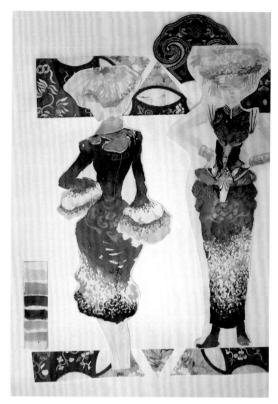

习题6-2-6 传统色采集（温雅-2008级）

习题6-2-7 传统色采集（王文祺-2011级）

习题6-2-8 传统色采集（王胜南-2013级）

习题6-2-9　传统色采集（李燕懿-2007级）

习题6-3-1　民间色采集

（张帆-2008级）

习题6-3-2　民间色采集（王予涵-2009）

习题6-3-3　民间色采集（郭震昊-2011级）

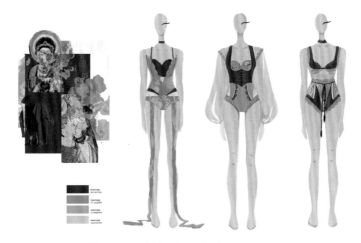

习题 6-4-1　绘画色采集（白鸽－2017级）

习题 6-4-2　绘画色采集（连雅婷－2015级）

习题 6-4-3　绘画色采集（辛磊－2013级）

习题6-4-4　绘画色采集（蒋佳妮-2011级）

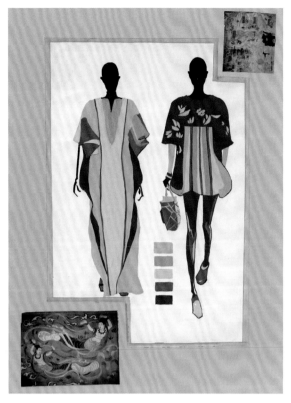

习题6-4-5　绘画色采集（肖榕-2011级）

习题6-4-6　绘画色采集（陈君峯-1992级）

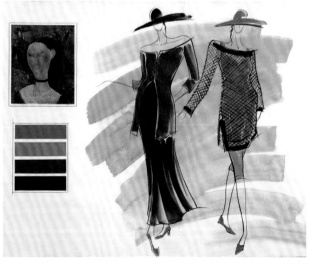

习题6-4-7　绘画色采集（徐晶-1993级）

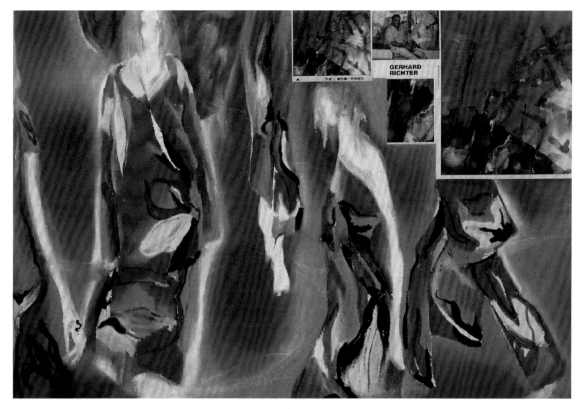

习题6-4-8　绘画色采集（高婴-1996级）

习题 6-5-1　异域色采集（黄玮玲-2015级）

习题6-5-2　异域色采集（李路-1992级）

习题6-5-3　异域色采集（孙云-1993级）

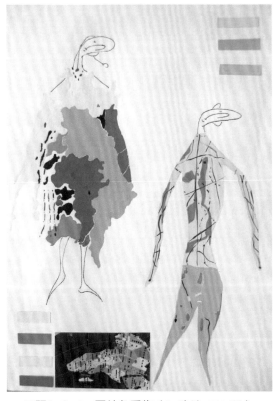

习题6-6-1　图片色采集（江道剑-2006级）

习题6-6-2　图片色采集（叶黎萌-2012级）

习题6-6-3　图片色采集（蒋雯－2006级）

习题6-6-5　图片色采集（王露－1991级）

习题6-6-6　图片色采集（王萍－1992级）

习题6-6-4　图片色采集（师冬琳－1991级）

习题6-6-7　图片色采集（李欣－1999级）

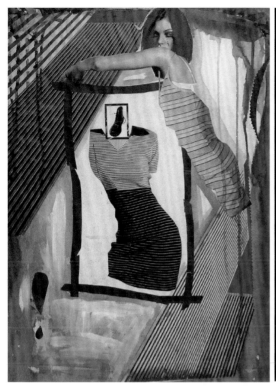

习题6-6-8　图片色采集（黄美兰-1996级）

习题6-6-9　图片色采集（李欣-1999级）

习题6-6-10　综合色采集（杨宸-2010级）

习题6-6-11　综合色采集（张莹-1997级）

理论兼实践

第七章　服装色彩的预测与流行

课题名称：服装色彩的预测与流行

课题内容：色彩预测

流行色

课题时间：8课时

教学目的：学习流行色相关知识；了解色彩趋势工作，在模拟色彩趋势预测的练习中整合色彩的知识和能力。

教学要求：1.理解色彩预测的概念及作用。

2.感受直觉力在色彩预测工作中的作用。

课前准备：了解国际流行色趋势的相关内容。

服装色彩的预测与流行

色彩预测在我国还是一个比较年轻的领域。过去，色彩只是服装款式的点缀。今天，它已成为服装流行趋势和服装消费者的重要驱动力。"色彩彰显时尚。色彩赋予不断变化的潮流以新感觉和激情，是我们日常生活中不可或缺的内容。""尽管现代的'快速时尚'和'大众消费'正在减弱一年两季服装周的主导作用，但是对色彩趋势预测的需求仍然存在。"不管你对流行感不感兴趣，流行色彩的现象都弥漫在你生活的周围。色彩是流行的风向标，把握住色彩，就等于把握住了流行的命脉。

近年来，色彩的流行与预测越来越受到行业内和行业外的关注。是谁、是哪些机构在掌控着流行？色彩预测工作需要哪些知识和能力？色彩预测的流程是什么？围绕着这些问题，本章参阅了英国纺织服装类专业学生的学位课程用书《色彩预测与服装流行》，结合本人对流行和趋势的理解，就色彩预测、色彩故事的形成、流行色等相关问题一一进行讲解，希望给热衷于色彩流行趋势学习和研究的学生们以借鉴。

第一节　色彩预测

一、色彩预测的概念与意义

趋势预测，指研究人员或研究机构提前大约两年的时间试图准确地预测消费者在不久将会购买的时髦衣服和配饰的色彩、面料及款式走向。色彩预测是流行预测或趋势预测一系列过程中的基础部分，是用直觉、灵感、创造力等要素来收集、评估、分析及解读数据，从而预测消费者一系列色彩需求的过程。色彩预测过程是一个处理色彩故事的季节性挑战。预测人员的任务是为指定的季节发展出一个能使人信服，并能反映消费者需求的色彩故事。色彩预测的重点是预料准确的变换时间、变化的走向，以及消费者对变换产生的反应。

色彩预测是专业部门的行为，这个部门同时也是一个利用色彩预测流程的服务机构。预测的概念随着纺织服装业的发展与壮大而产生。到20世纪后半期，纺织服装业的一系列部门开始对预测有了更大的需求，从纤维、纱线和面料生产商到服装生产商、零售商，都要求预测部门提供更多、更准确的信息。色彩预测服务的发展填补了初级市场（纤维、纱线、面料）的生产商与消费者之间的交流鸿沟。建立色彩预测服务的目的，为的是在产品生产时间计划之前，做出消费者色彩倾向估计和分析，预测出消费者的色彩需求和色彩喜好，给出足够的时间以配合工业的生产，从而减轻生产商在此过程中的负担。

今天，当季色彩已成为时尚的强大推动力。色彩趋势的预测在服装产业中起着非常重要的作用。

二、色彩预测的方法

1. 预测的方法

国际上色彩预测的方法有两种：一是日本式，即广泛调查市场动态，分析消费层次，进行科学统计的测算法。日本的调查研究工作非常科学而细致，往往要以几万人次的色彩数据为依据，并且十分重视调查者的反映。二是西欧式，即凭法国、德国、意大利、荷兰、英国等国专家们的直觉判断来选择下一年度的流行色。他们认为消费者的欲求是包含在专家之中的，这些专家都是常年参与流行色预测的专家，掌握多种情报，有较高的色彩修养，也有着较强的直觉判断力。一位法国流行色专家说："预测前是没有规律的，预测后才知是有规律的。"这说明预测前专家们并不被已知规律所束缚。

日本式预测是在调查的基础上，力图通过统计、分析来把握未来的趋势。但这种调查或统计毕竟只能反映过去的情况，而事物的发展总是动态的，五彩缤纷的色彩现象犹如无数矛盾的交织体，流行色彩的演变不一定按照人们所推断的常规趋势去发展。日本式预测方法只对色彩预测有着补充作用。实践证明，直觉预测法乃是色彩预测最基本的方法。因为人们在认知事物的过程中许多时候是要依靠直觉的，何况是色彩，对它的认知应该更需要依赖于直觉。当这些训练有素且有着较高配色水平的色彩专家提出个人喜爱的色彩时，消费者的爱好实际上已包含在他的整个构思之中了。

在西欧式的方法中，尤其是以趋势联盟（Trend Union）的创立者李·埃德库尔特（Li Edelkoort）为代表的人们认为，这种预测方法实际上是一种基于天性的、具有美感的创意过程。预测工作人员常常凭借直觉从灵感源中挑选色彩，这一步是预测过程中的关键性步骤。多年来，这种凭直觉而来的预测方法从未被质疑过，进而，这种"犹抱琵琶半遮面"的效果赋予了预测专家的工作以垄断性和专属性。另一种声音则指出预测不需要这种直觉上的天赋，事实上它更具有系统性、科学性。这样才能系统地培训趋势预测的新手，并通过反复运用这种科学方法而熟练掌握预测的技巧。因佛美达（Informada）伦敦公司（1965年成立的服装顾问公司）的色彩与服装高级顾问茱丽·巴蒂（Julie Buddy）把市场调研看作是预测工作最基本的工作方法，预测者只有在市场中才能检测到预测与流行是否相一致。另外，对消费者不同层面的准确划分和定位也是她很重要的一个工作方法。虽然预测专家们所使用的方法有所不同，但最终的目的都是通过研究消费者心理和行为等因素来分析其需求。在今天这个对预测过程缺乏学术研究的时期，西欧式的预测方法更为流行。

大多数人都赞成预测的过程包含有科学和艺术两方面的因素。艺术中的直觉力、判断力与相关知识被储存在有意识和无意识之中，而科学因素则更多地应用于分析的过程。然而，预测者本身更愿意将预测过程看作是一种具有艺术天赋的工作，以确保其垄断性。当然，这种垄断也有弊端，事实上也阻碍了纤维、纱线和面料制造商们对色彩预测方法的实践和探索。

2. 预测的依据

色彩预测的依据大体有三个方面：社会调查、生活源泉、演变规律。

（1）社会调查：流行色本身就是一种社会现象，研究分析社会各阶层的喜好倾向、心理状态、传统基础和发展趋势等，是预测和发布流行色彩的一个重要群众基础。

（2）生活源泉：包括生活本身、自然环境、传统文化，如玻璃色、水色、大理石色、烟灰色、薄荷色、唐三彩色等颜色色名，都极富感性特征。色彩资料的收集是一项永不停息的基础工作，色彩灵感可以从任何形式中、任何物质中获得，它可以是一张漂亮的纸、一块可爱的石头或是一块新颖的布料。平时收集整理的一些色彩样品都应该是吸引人们眼球的色彩。色彩的描述也应该充满趣味性和感染力。

（3）演变规律：从演变规律看，流行颜色的发展过程有三种趋向：一是延续性，即流行色在一种色相的基调上或在同类色范围发生明度、彩度的变化；二是突变性，即一种流行的颜色向它的反方向补色或对比色发展；三是周期性，即某种色彩每隔一定期间又重新流行。流行色的变化周期包括四个阶段：始发期、上升期、高潮期和消退期。整个周期过程大致为7年，也就是说，一个色彩的流行过程为3年，过后取代它的流行色往往是它的补色。两个起伏为6年，再加上中间交替过渡期1年，正好7年1个周期。近年来这个周期已缩短为5年，甚至更短。

3. 预测的技能

《色彩预测与服装流行》中讲到，预测者在色彩预测过程中需要三项技能：感知、观察与直觉。它们是具有支配性质并发挥人的主观能动性的技能，或者称为艺术基础技能。当然，预测中还应包括一些实际的技能方法，如分析、评估和对数据的深入研究。

（1）感知技能：贯通于整个预测过程中，极具个性化。感知技能包含多方面信息的积累：平时对商业街、商店的观察，对已过时服装的留意，对社会政治的发展、经济循环的关注等。这些信息大多来自视觉上的观察，并被储存在大脑中，日后作为在流行趋势的预测过程中分析和研究的资料使用。实际上，这是一个成体系的方法，但是因为对各种信息的感知是比较个人化、个性化的过程，因而不适合与他人共享。

（2）观察技能：观察所处的环境，并有意识地收集这些信息可以锻炼我们的直觉思维。同时，观察也是获得感知技能的基础。人们看周围的事物属于一种不自觉地、下意识的举动，而当我们主动去感知这些信息时，我们就会有意地将这些资料储存在意识中了。预测者应具备这种有意识地对信息的观察、感知与储存的技能。在整个预测过程中，从最初的选取颜色并有意识地对之进行记忆和储存开始，到后来，由于越来越多的相同色彩被观察到，储存的记忆便会识别出这一不断出现的信息，预测者们就是这样运用观察与感知技能的。可以说，感知与观察技能往往携手并进。

（3）直觉技能：直觉思维是成功进行色彩预测的关键，被视为最重要的预测方法。当预测者面对收集了大量信息与资料的具有说服力的色彩故事时，直觉思维的确显现出其非同一般的重要作用。在服装企业中，色彩扮演着关键性的角色。服装业认为在最初的设计中一旦运用了正确的色彩，那么接下来的各个项目也将顺利进行。因此，服装公司愿意花大量资金给那些靠直觉进行预测的工作者们，他们非常相信预测者的直觉。然后，这些趋势信息的使用者们（服装公司的设计师和买手们）再从预测公司提供的信息中凭借各自的直觉思维，为公司选择最好卖的、最合时宜的色彩。无论是预测者还是预测信息的使用者，直觉的能力都是非常必要的。

三、色彩预测的流程

色彩预测指为不久的将来或特定的季节，编辑一系列消费者可接受的色彩范围，而最后编辑的色彩故事就是难题的解决方案。这个方案应包括三项内容：主题板、流行色文案、流行色色样。主题板：流行色的主题词，用以理解色彩概念的含义；流行色的灵感来源，指明流行色形象感受的大趋势以及形象源；流行色的家族组成及其色谱，用以表明具体的色谱形态等内容。流行色文案：流行色形成的背景，即国际政治、经济、社会文化形势和时尚发展的基本形态，以及市场变化概况和对人们色彩审美的影响等；分析流行色色谱构成的形式、配色概念和方法。流行色色样：主题板上的所有色谱都应该是实材色样，这些色样是专家们认为在未来时期内将是最时尚的流行色色谱。

1. 信息收集

信息的来源大致分主观方面和客观方面两个部分。

主观信息是通过预测者的感知力和观察技巧来实现的。预测者经常有意识或无意识地使用这些技巧，如购物、旅行和看电视、电影或者话剧，当然也包括参加各种社交活动的时候。不论何时何地，他们都会情不自禁地观察周围的环境、人群、气氛和情绪。所有这些都作为记忆直接保留下来，尽管其中包含有个人观点，但这些事物和过程的记载也显现出了一定的客观性。记忆的东西有时会显得不可靠，所以客观信息的收集也是很有必要的。

客观信息包括前一季甚至是更早的趋势信息（自己公司和其他公司的），期刊、网络提供的丰富理念和灵感来源；还有一些彩色的和时尚的历史资料，如博物馆、画廊、图书馆和那些时装书、旧杂志等。可感触到的素材到处都有，从房间的陈设到院子里的一片树叶，丰富的市场、各类展会和色彩会议。主观信息的收集是持续不断的，已融在了预测者的工作和生活中；客观信息的收集是有目的性的，因为需要被用才会被收集。

2. 分析、确定主题

这一过程是指对收集来的信息进行分析，包括图片、文字描述、数据、实物。最初的信息资料将决定色彩故事的情绪基调和主题的产生。这里，灵感来源信息很重要，包括可视的和不可视的（如音乐）。另外，也有可能是在适当的时间以适当的方式突然进入脑海中的一些想法。这些因素都能激发起想法、感觉和直觉方面的预感。主题确立后，还会补充信息的调研。在后续工作中，信息收集就会变得更有指导性。分析、整理和描述——我们慢慢开始用简明的形式来表达色彩故事了。当分析已有信息的工作比增加信息更重要的时候，就进入了一个新的阶段。

通常来说，一份完整的预测报告包括4～6个色彩故事，这些色彩故事多围绕在一个大的背景或是主题下。

3. 色彩故事的发展

国际流行色彩委员会定案的色卡，是针对不同行业的，尽管纺织服装类在其中是主要的运用者；所以，趋势预测的主题板中一定要考虑到不同行业和各方面的实际运用。也就是说，在预测的几十个色块中，深的、浅的、暖的、冷的、艳一点和灰一点的色彩都要包含其中。但是，每年的颜色在色块的多少上、色味的变化上和对比关系上都是有所区别的。

无论怎样的色彩故事，都是为了编排创作一个令人信服的、新鲜的、具体的颜色面貌。趋势中每一分主题代表的是一组有明显色彩倾向的色调，6个主题时通常会有浅色组、中性组、冷色组、暖色组、深色组和点缀组（没有什么规定，但色调之间一定是有区别的）；4个主题时一组颜色可能综合了两组色调的感觉，如既是浅色组又是中性色组。色组的多少和色调的确定每年不一样，国家与国家之间也不尽相同，通常以色彩故事的内容为依据，以新出炉的颜色方向和多少而定。

每组色调的形成、调子与调子之间的衔接与穿插、色块的排列组合等，我们要追究它们的来龙去脉，寻找它们之间的关系。色彩故事在这里需要一点点细化，还需要对故事进行不断的添加和润饰，预测者的个人才华、想象力和修养得到完美展现。

主题板有灵感来源、关键词、色票和色样（实材），文字描述可以不放在板子上，但非常重要，它一方面用来指导色调的方向、色票间的组织构成，另一方面也可以帮助趋势运用者尽快地理解其核心内容。

4. 编辑、制作主题板

这部分工作是色彩故事走向完美和生动表达的阶段，是由抽象概念转化为视觉的阶段，是最后挑选、剔除和确定色票的阶段。包括灵感图的选取、板子的布局、组织起来的色域如何更具有视觉冲击力、哪些用打印图、哪些手绘、哪些料样是现成的、哪些是要动手自制的在内的这些色彩预测的最后工作应该看作是一个创造性的阶段，是故事发展阶段的一个主要部分。为使故事好听且更有意义，预测者们在其中反复使用着思考、推理和决策这些感性工具。当然，对色彩关键性元素的发掘和最后结果的分析都来自直觉的判断，所以我们必须对直觉的创造力给予充分的重视。

色票要用水粉颜料来画，能保证颜色的准确度。然后，在"潘通"色卡上找到近似的色号，将色号标注在色块旁边。材料是色彩的载体，实际的料样千万不要忽视，最好有所设计和深加工（为了使颜色和材料更富有新意和准确，常常会为此定织、定染），有新鲜感的材质和肌理对色彩的最后选取起着至关重要的作用（图7-1～图7-4）。

图7-1　比对面料

（李海睿、翟憬艺、斯维达、宁栩辰-2018级）

图7-2　比对"潘东"色号

（李海睿、翟憬艺、斯维达、宁栩辰-2018级）

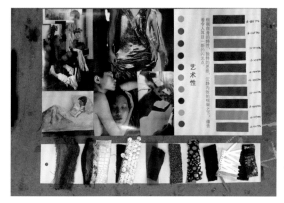

图7-3　比对色票、面料与概念图

（贾子濛、苏海然、李柏德、郝赛男、蔡昊诺-2017级）

图7-4　制作板子

（贾子濛、苏海然、李柏德、郝赛男、蔡昊诺-2017级）

5. 色彩评估

这是显现是否专业的一个步骤。面对主题板上一组组的色调和色块，主题之间是怎样变化的；它们之间搭配的方法；哪个颜色是从上一季的流行中被保留下来的；哪一组的哪个色更带有新意；哪些是基础色，哪些是点缀色；本季的浅蓝色比去年透亮了还是更灰了；色块之间渐变的组合，或是跳跃的组合又反映了什么；本季比去年多了哪些色域的色，又少了哪些色域的色；哪些色将被流行，哪些色可能是更未来的色；这一季整体的色味取向是什么，是亮了、暗了、灰了，还是艳了，又或是更倾向哪个色相……诸如此类的色彩评估问题仍有很多。色彩预测的最后结论必须有吸引力且鼓舞人心，这对于色彩预测的最终展示有着非常特殊的价值。事实上，当我们回头检验过去的预测时，留给我们最深印象的调子和颜色只是一点点，这就是所谓的"流行色"。

四、色彩预测案例

课题布置：《2021年春夏流行色趋势预测》

作业内容：包含调研、动态视频和趋势手册三个部分。

要求与方法：从学生们熟悉的人群入手，围绕当代青年人的生活方式展开讨论和调研；水粉颜料刷色标；作业以小组为单位完成；老师辅导。

这里展示的是2018级服装班色彩预测的练习。这是课程中仅有的一次小组作业。预测练习内容量大，其过程和完成如同是一项工作，团队中有负责的小组长，老师则更像是大队长，每位同学都有自己的分工。根据课时和进度，将作业的过程梳理为四个阶段：课题探讨及调研，确定主题、发展色彩故事，趋势手册制作，展示。从调研到概念，由概念发展出故事，再用色彩来完成故事的诉说。

1. 第一阶段：课题探讨及调研

全班同学分为了四组（这里呈现两组），根据课题要求，从年轻人感兴趣的话题和时下有热度的事件入手开始讨论；通过交流，最后将目标锁定在与本组成员更有关联的、并易于调研的人群和现象上。A组选择研究患有"社交恐惧症"的青年人群，B组的研究方向为热爱电竞游戏的青年群体。

确定方向之后，小组成员分头进行调研和资料的收集。调研的方式有网络调研、问卷调研、实地调研和专访。在调研的过程中逐步收集图片、视频和文字资料。

A组成员孙开元、江文卓、黄煌、李吟雪和聂颐瑄表示，她们周围很多人都有不同程度的社交恐惧，在公开场合会感到明显的不自在，身体也会出现相应的反应，如喉咙干渴、手心出汗等。小组中就有这样的同学，这更加深了同学们对这一群体的研究兴趣。成员们从组长手里领到一份自己比较擅长的工作内容。

调研以问卷调研为主，问卷内容设置成八个不同的情境供被调研者选择，从而发现，社恐人群最害怕的场合是"给领导和长辈敬酒"，而"突然收到陌生人的微信消息"也会让他们感到不自在。根据这些初步的调研结果，又结合网络上的一些数据分析，成员们选择了几位"患者"进行了网络微信专访，发现社恐患者大多缺乏安全感，他们的内心柔和、敏感、孤独但又不乏趣味性。他们喜欢的音乐大多为流行音乐、纯音乐，这也初步奠定了动态视频的抒情基调。

B组成员何欣怡、徐心钰、康哲淼、柏春霖和吴子君中不乏"电竞"高手，他们认为，随着时代的发展，青年人的娱乐方式越来越多样，电竞这个词也越来越凸显，并且已经成为一个正规的比赛项目。在调研之前，成员们对电竞青年展开讨论，得出来以下刻板印象，如：专注力集中但没有时间观念，生活作息不规律，沉浸于虚拟世界等。带着这些刻板印象成员们分头进行调研。

问卷调研主要了解电竞青年群体的生活状态、消费习惯和心理偏好；实地调研走进了网吧，主要观察网吧的环境、色彩和游戏外设的外观；同时也采用了专访，对个别游戏玩家的日常生活进行了细致的访问。

在收集了大量的问卷资料之后，成员们发现，调研结果完全打破了之前的刻板印象。这些游戏玩家们对于生活品质的要求非常高，并且生活习惯非常自律。他们对于自己的游戏和生活学习是有明确的规划的。通过这一系列有趣的数据，同学们开始发展自己的视频脚本，视频拍摄将围绕几个不同游戏玩家的一天来展开。问卷中还对游戏玩家喜欢的色彩和音乐进行了调研，发现男女差异非常大，首先男性玩家在比例上高于女性玩家，因此得出的结论也是更偏向男性。

关键点：▲ 根据人群选择更有特点的调研方式；保证调研内容的丰富性；▲ 调研内容要围绕着生活方式展开，对于音乐、艺术等的喜好也十分重要；▲ 开始着手视频资料或脚本的准备，动态视频是整个流行色趋势的大的方向。

2. 第二阶段：确定主题、发展色彩故事

（1）确定主题概念和分主题。小组成员将调研资料汇集到一起，整理调研数据，根据数据特点和结论确定主题，在主题之下提取出4~5个关键词，进一步诠释概念；每一个关键词也都代表了一个分主题概念，由此来共同构建一个完整的色彩故事。

（2）色彩气氛的营造。围绕着关键词，搜集能够符合概念的图片和画面，可使用能明确表达概念的单张图片，也可以使用拼贴等方式将图片组合，共同营造色彩气氛。与此同时，根据关键词发展动态视频的脚本，收集视频素材，准备拍摄工作。通过独有的、有视觉感动力的图片和动态的演绎来表达他们的生活状态。图片和动态的演绎最好是独有的且富有视觉的感染力。

（3）深化概念。随着对主题更深入的理解，图片的选取也会更加明确，其过程是严谨的，这是非常关键的一步。同时，成员们要进行主题、分主题的文案撰写。动态视频的拍摄要能够抽象地展现人群的生活状态，给观者带来更感性的体验。在图片逐步明确的同时，要广泛地收集适合该主题的材质（以纺织材料为主，也可包含非服用材料）。

（4）色彩提取和材质收集。主题板图片确定之后，从中提取颜色。每个主题板提取7~9个颜色（也可根据情况调整），形成一个有明显色彩倾向的色组。色彩的提取要与图片高度契合，保证概念传递的准确性。同时，还要对每个色组的色彩调性进行文字描述，并选择、比对适合该组气氛的材质，尤其关注新型材质的加入（图7-5、图7-6）。

图7-5 深化概念

图7-6 与专家、老师一起讨论

A组：一系列的调研结果让成员们将预测主题最终定为《双重屋子》，以表现社恐患者的孤独感、剥离感和怪诞的情绪。根据这些感受提炼出四个关键词，即四个分主题：《咽喉》《蚕茧》《阁楼》《心房》，分别体现社交恐惧症候群内心的不安、挣扎、怪诞和柔软。

《咽喉》：咽喉表现的是社恐人群最显著的特征，就是在公众场合的沉默不语，喉咙成了言语的碎纸机。色彩上提取了图片中面积最大的几个深色作为主要基调，体现了一种压抑沉闷、让人喘不过气来的气氛。偏黑的深色有细微的差别，其中有几个彩度稍高的颜色，略微中和了一下沉闷的色调，表现了社恐患者在公共场合不必发言时的一丝庆幸。黄色也有恐怖和恶魔感受的说法，搭配上清冷的蓝色和颓靡的暗红色，增加了整个色组气氛的丰富性。面料选择有毛麻、涤纶、皮革、纸纤维等，用类似干树皮、瓦楞纸的肌理表达"干涩"，用面料组合体现"破碎"，用透气性和弹力比较差的涂层面料表达"窒息"。

《蚕茧》：社恐人群总是畏惧他人的看法和评价，像是缠绕在一个用他人目光编织的蚕茧里，无法挣脱。整体色彩始于蚕茧的米白色的基调，再添入外部感觉的色彩倾向进行补充，给人一种自我封闭的安静状态。颜色以低彩度、高明度的浅色为主，配合少量的低明度色，增加缠绕和视觉的重量感。蚕茧的包裹感是思考面料形态的出发点，用材料再造的方法，网状和絮状结构的面料丰富了材质的肌理，与该主题"缠绕的""混乱的"的状态也更加符合。

《阁楼》：社恐人群有自己独特的方式来缓解他们在社交中积累的压力，这或许使他们看起来怪诞不经。该主题整体颜色彩度偏高，色相多且对比强。橙色与蓝色、深绿色与粉红色，视觉上的强刺激在整体感受上给予了反叛、怪诞和趣味性。这组材料中有夹有金属丝并轻微闪光的面料，有针织和网格面料相叠加而形成的镂空感面料，有皮革和毛绒面料进行拼接的材质对比，形成了和而不同的效果。

《心房》：社恐人群并不像外表看上去那么冷漠，当你走进他们的内心，会发现他们美好有趣的精神世界。色彩上用低彩度、暖色相的色来表现温柔而又含蓄的情感，色组中较多偏红的颜色类似于泛红的肤色，带有温暖、生机和温柔的感觉。低彩度的绿色能中和偏暖的整体色调，达到"治愈的"效果，使整体色调更加柔和。用多种轻薄材质的叠加表现柔软的质感，同时也增强了颜色的丰富性；用缝纫和编织的工艺技法，将网格状面料和手工花的花蕊改造成带有流苏感的面料，让新的材料来表达"心房"这个主题。

视频脚本开始根据主题气氛进行编写。由于《双重屋子》传达给人的是一种压抑和怪诞的情绪，因此视频的整个基调被定义为孤独的和抽象的。视频名称定为《我》。

B组：根据调研结果，成员们将主题定为《头号玩家》，根据玩家们的生活状态和喜好，将分主题定为《恬淡生活》《运动人生》《时空幻想》《流光溢彩》。可以看出，整个概念积极而阳光，成员们认为这群头号玩家非常具有赛博朋克的风格，游戏已不是一种娱乐方式，而是新的生活方式。

《恬淡人生》：相对于游戏而言，玩家们的日常生活是简单恬静的，本组色彩试图展现温暖悠闲的生活状态。面料上以日常舒适的冷色系平绒布、棉布为主，再辅以玉米黄及脏橘色的纱、蕾丝等材质，营造出清晨第一缕阳光朦胧安静的氛围。

《运动人生》：体育竞技带给人们的快乐和游戏一样让人着迷，以高彩度的玫红色、绿色和蓝色给人以雀跃律动的心理暗示。面料上采用反光、偏光以及激光、炫光的轻薄材质，各种颜色交织在一起，在午后的阳光下活力四射、无拘无束。

《时空幻想》：傍晚是放飞思绪的时段，玩家们会选择此时看一部电影，暖色调的夕阳带给人安详与遐思。本组主要采用毛呢质感的面料，辅以薄纱以及棉毛材质；在沉稳而温和的时空中放空思想，畅游未来。

《流光溢彩》：这是属于头号玩家们的夜晚，相对于白天的平淡，到了晚上他们开始进入绚丽的游戏世界。本组采用了大量高彩度的荧光色，结合自带闪光涂层的皮革、PVC材质以及各色亮片，将活力与激情、竞技与对抗的心理感受表达得淋漓尽致。

视频以时间段为节点，分别展现不同时段玩家们的生活日常，视频气氛轻松自然，在夜晚到来之后，玩家们进入游戏世界，整个视频进入一个炫彩的世界，到达高潮。

关键点：▲ 概念板图片的数量不用很多，准备的表达是关键；▲ 每一组提取的颜色都要有几个主色，以明确表达主题，其余的颜色作为辅助色。在排列过程中多考虑色彩间的组合关系；▲ 丰富面料的质感，面料再造是非常好的方式；▲ 视频尽量自己拍摄；▲ 小组分工要细化，保证工作的进展。

3. 第三阶段：趋势手册的制作

（1）绘制色票：将提取出的颜色用水粉颜料刷出，色彩的味道和准确度需要同学们用手和经验去感受，这一动手的过程必不可少。刷好的颜色裁剪成一致的大小，对照概念板进行最后的排列与调整。为方便实际工作中的运用，将确定下来的色票与"潘东"色卡对接色号，这也是色彩趋势预测工作的惯例。

（2）排版：手册的排版可以自行设计，1个主题板（也称综述板），4～6个分主题板，版面内容有概念图、文字阐述、色票（附有色号）、面料实材几个部分。文字阐述不仅要有对概念的描述，还要有对色彩和面料的简单说明。

（3）制作：最后一步是手册的制作。可以将排好的概念图和文字等先打印出来，然后在留好的位置上粘贴色票和面料，面料要按照色票的码放顺序来进行，这样能够更好地烘托色彩氛围，形成完整的概念（图7-7、图7-8）。

图7-7　绘制色票

图7-8　比对色票与面料

关键点：▲ 刷色时，同一个颜色可以微调着多刷几个，选择色味最舒服的一个作为最终的色票；▲ 色票与面料质感尽量贴合；▲ 比对色号时，只需找到最为接近的即可；▲ 视频进入最后的剪辑，其内容和拍摄尽量保持原创，配上相应的音乐。

4. 第四阶段：展示

最后，模拟国际流行色会议，各小组分别讲解和展示对2021年春夏流行色趋势预测的研究。先播放视频，再从主题板、分主题板逐一讲述。随后，将几个小组的板子集中到一起，讨论其共性与个性，将同时被多个小组提到的概念和颜色合并和重组，一个新的趋势报告诞生（图7-9）。

A组：视频拼合了很多抽象和意象的镜头，通过质感、声音和雪地中窒息的行为表现社恐人群内外的差别。整组色彩以低明度的深色调为主，通过黄色和黑灰色的对比表达孤独和忧郁的气氛，十分有感染力。通过此次趋势预测，成员们认为今后的人们会在内外差异上反映更显著（图7-10）。

A组汇报

B组汇报

专家、老师讲评

图7-9　展示阶段

封面——《双重屋子》

主题板——《双重屋子》

分主题板1——《咽喉》

分主题板2——《蚕茧》

分主题板3——《阁楼》

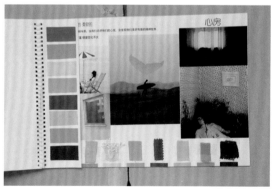

分主题板4——《心房》

图7-10　A组报告展示

B组：视频轻松有活力，奠定了整个色彩预测的基调；镜头以时间段为线索，让人们对头号玩家的生活状态有了十分清晰的认知和感受。通过调研发现，电竞青年在色彩的喜好上男女差异很大，共同点则集中在对黑白灰等基础色调的偏爱上。整个系列彩度高，对比强烈，十分有视觉冲击力（图7-11）。

封面——《头号玩家》

主题板——《头号玩家》

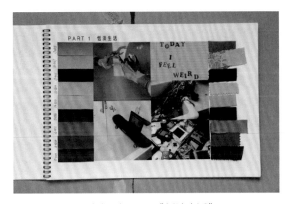

分主题板1——《恬淡生活》

分主题板2——《运动人生》

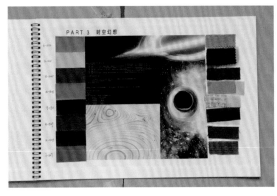

分主题板3——《时空幻想》

分主题板4——《流光溢彩》

图7-11　B组报告展示

　　整体看，各小组的预测方案有很明显的共性，如对于荧光色、炫彩色的使用；有一些对比极强烈的色组非常有意思，这些颜色在前几年是较少出现的；但每个小组又各具特色。需注意的是，应加强关注报告中是否有新颜色与新材料的提出；对一些有前瞻性的颜色进行重点评估。

色彩预测的过程是对感性量化的过程。通过客观调研引导出概念，运用动态视频和静态图片双重方式去解释、填充和完善这些概念，将感受和情绪升华为色彩语言，由此引发和展开未来可能发生的色彩事件的讨论。课程结束后，最初的命题和后来的结果没那么重要了，重要的是这一具体实践过程的点点滴滴，如讨论、质疑、调色、色肌理、色心理、色彩与生活……给予同学们的一些感悟和思考。

第二节　流行色

所谓流行概念，往往是针对一些相对稳定的类型群的审美意识而研究的。流行色的受众一般比较年轻。流行色在所有的色彩现象中最具前卫性，其中在纺织服装领域运用得最广泛，也最受重视。

在服装色彩的表现中有四种色彩现象：时髦色、流行色、常用色和传统色；常用色和传统色是大量的，反映的是一个国家、一个民族的常态；时髦色漂浮在最上面，量少，一般人很难感受和捕捉到，是下一年和未来将要流行的色；流行色在第二个层面，有一定的量，似乎处处都有显现，易感受。

一、流行色的概念与特征

"流行色"是相对"常用色"而言，是指在一定的社会范围内、一段时间内群众中广泛流传的带有倾向性的色彩。如果一种时髦色调受到当地人们的接受并风行起来，就可以称为地区性流行色；如果这种时髦色调得到国际流行色委员会的一致通过而向世界发布，这就是国际流行色。

流行色的特点分为三个方面：一是时间性。流行色是按春夏秋冬的不同季节来发布的，它发生于极短的时间内。它可能影响该时代的色彩，但不足以改变该时代的色彩特征。二是空间性（亦称区域性）。不同的民族、不同的地域有着不同的民族个性和生存方式，表现在流行状态上也会有所差异，如美国人性情豪放、自由，流行色的彩度就高；法国人比较细腻，流行的颜色都带有微小的灰色调。三是规律性（循环性）。任何流行都要经过它的萌芽期—盛行期—没落期。流行的颜色一般遵循从冷到暖、从暖到冷，从明到暗、从暗到明这个规律。

关于色彩周期，《色彩预测与服装流行》一书中这样描述："研究表明，色彩的活动周期通常是从高彩度（鲜亮的）色彩到色感丰富的中彩度色，再过渡到较为柔和的低彩度色，再到土色系，直到无彩色，再由无彩色过渡到紫色阶段，最终又回到高彩度色彩。从冷色系到暖色系的这种循环周期时间大概是七年。色彩循环的周期是以色彩的色相、彩度和色彩的冷暖为基础制定的。"

二、流行色形成的原因

人们总是喜欢变化与新奇。一个颜色再漂亮但看久了也会感到疲劳，只要换一个色就会感到新鲜。就像人吃饭常常会改变口味一样。从个体来讲，第一是人的模仿本性，即所谓的从众心理；第二是如今消费者的消费理念以及他们对个性化的需求；第三是消费主力军中的女性群体等因素，为流行色的产生创造了主观上的条件。从社会层面看，信息数字时代的传播方式；科技带来的材料等技术革命；全球文化间的汲取与融合带来的一体化，国际事件及国家政治、经济和重大活动的影响等，为流行色的产生创造了客观上的条件。

处于国际流行体系下游的我国，如今对国外的流行依然十分关注。流行色是商家、流行色组织预测和推广的结果；经各种媒体的积极参与与互动，加上明星和各类时尚达人的号召与追捧，流行色一直扮演着光鲜而多变的角色。

模仿与流行是相关联的一对孪生兄弟。没有群众性的模仿，也就不会有流行色。同样，没有创造、引导和推广，也不会产生流行色。

三、流行色机构

1. 国际流行色组织

"国际流行色委员会"是国际上最具权威性的、组织比较庞大的研究和发布流行色的团体，其全称为"国际流行色委员会"（International Commission for Colour in Fashion and Textiles），简称"Inter Colour"。该组织的总会设在巴黎，其发起方是法国、德国和日本，成立于1963年9月9日。我国于1982年7月以观察员名义参加，1983年2月以中国丝绸流行色协会名义正式加入了国际流行色委员会。

国际流行色委员会除正式成员国以外，另外还有一些以观察员身份参加的组织，如国际羊毛局、国际棉业研究所、拜耳纤维集团、康太斯公司等。该委员会每年上半年、下半年各举行年会一次，各成员国可有2名专家代表出席，预测并发布18个月后的国际流行色。2004年11月29日～12月1日，国际流行色委员会第84届会议在北京举行，这是该委员会第一次到境外召开的会议。

2. 我国流行色组织

我国第一个流行色组织是"中国丝绸流行色协会"，它曾于1982年2月15日在上海召开了全国第一届会员代表大会，正式宣布成立。该组织于1983年2月正式被批准为国际流行色委员会成员。1985年10月1日改称"中国流行色协会"，协会总部设在上海，2000年迁到北京。

中国流行色协会是中国科学技术协会直属的全国性的色彩学术研究团体。该协会的定位是：中国色彩事业的主要力量和时尚前沿的指导机构；其主要任务是开展国内外市场的色彩调研，预测和发布色彩流行趋势；代表我国参加国际流行色委员会专家会议，提交我国的色彩预测提案；进行色彩咨询服务，承担有关色彩项目委托、成果鉴定和技术职称评定等；开展色彩学术交流、教育和培训等工作，普及流行色知识；开展国际交流活动，发展同国际色彩团体和机构的友好往来。

3. 流行色刊物

国际上发布预测流行色权威性较高、影响性较大的刊物有：《国际色彩权威》，是由英国、美国、芬兰共同研究发布的商业性较强的色谱；*Chelon*，是意大利色卡；《巴黎纺织之声》，是由法国发布的；*The Mix*，是英国的色彩趋势，分室内和服装两本。

我国在研究、预测、发布流行色方面较具权威的杂志是《流行色》《流行趋势》。2013年年底，《流行色》杂志出版地由上海迁到了北京。

4. 流行色网站

国际上发布流行色趋势的网站要数法国、英国和美国最具权威性，影响较大。法国主要有四家：贝可莱尔（PECLERS，https://www.peclersparis.com），法国规模最大的色彩趋势调查公司；卡琳（CARLIN，https://carlin-creative.com），成立于1946年，是世界上第一家色彩研究机构；娜丽罗荻（NELLY RODI，https://www.nellyrodi.com），是法国顶级潮流预测机构之一；PROMOSTYL（https://promostyl.com），是致力于时尚、艺术设计和流行趋势研究的专业机构。英国主要有WGSN（https://www.wgsn.com），为世界各国时尚产业提供最具创意的潮流资讯和商业信息，是目前全球领先的在线趋势预测服务网站。美国主要有两家：潘通（Pantone，https://www.pantone.com），是以专门开发和研究色彩而闻名全球的权威机构，也是色彩系统领先技术的供应商；VOGUE（https://www.vogue.com），拥有最快最全的时装周秀场报道，在第一时间提供全球性时尚资讯、发布权威时装趋势报告。

我国发布流行色趋势的网站主要分为服装资讯网站、流行趋势预测网站和综合设计资讯网站三类。服装资讯网站有：POP服装趋势网（https://www.pop-fashion.com），在趋势解读版块中包含国内的色彩趋势；中国时尚服装网（http://fashion.ef360.com），提供服装企业生产、贸易、新闻、技术、展会等信息，以及时尚服装实时新闻与国家政策、企业政策法规等信息。流行趋势预测网站有：WOW-TREND热点趋势（http://www.wow-trend.com），包含T台色彩分析、零售色彩分析、街拍色彩分析等版块；蝶讯网（http://sso.diexun.com），在趋势专题的色彩分析版块有精准推送的国际流行色；观潮网（http://www.fashiontrenddigest.com），为消费者和企业提供基于趋势的资讯信息和咨询服务。综合设计资讯网站有：DataPark数据公园（http://www.datapark.cn），是面向设计创意行业专业的前瞻趋势分析知识平台，有丰富的时尚、建筑、室内、产品等领域的色彩趋势内容。

四、国际流行色委员会趋势会议与色彩发布

国际流行色委员会每年召开两次色彩专家会议，届时各国的色彩趋势预测者带着各自的色彩故事参加会议。会议上，每位代表首先播放视频，接着展示主题板，分别对板子里的气氛图、色块以及下一季色彩预测的缘由进行说明；通过对所选色彩的灵感来源、选择的理由等内

容的讲解，进一步说明色彩的主题概念以及次概念是如何形成的；之后，常务理事国成员（意大利、法国、英国、荷兰、奥地利）单独讨论，与此同时，各国代表交换提案的小样、文案和色谱；根据理事会会议精神，依据代表们占多数的、相类似的意见，归纳整合出4～6组流行概念，各国代表分组进行讨论，每组召集人负责向大会汇报；此时，各国提供的色样放在一起，重新洗牌和组合，各代表可根据自己对会议的理解，对色样进行排序、选择；最后，一般都是由常务理事国有经验的专家整合方案，排出大家公认的定案色谱系统，在色彩趋势的总体形象、文字、气氛和色块上达成共识，新的国际流行色色卡样本就此产生。为保证流行色发布的正确性，大会通常当场向各会员国代表分发新标准色卡，供回国复制、使用；各国流行色协会迅速将其复制成专门的色卡，传达给各自的会员。会员国享有获得第一手资料的优先权，但在半年之内被限制将该色卡在书刊、杂志上公开发表。

新的流行色卡产生后，国际流行色委员会一方面迅速大量印制由染色纤维精制而成的流行色卡，并传送到各方面有关用户手中；另一方面通过报刊、电视台、网络等各种媒体广泛宣传推广。纺织与服装行业中常以面料展会、服装表演的形式来宣传流行色。

五、流行色的应用

面对接连不断的变化，面对趋势中几十个色票，无论是设计师还是消费者，流行色的运用都是门技术和艺术。几个主题板有着明显的色调区别，其中会有一组来重点代表未来的色组，在这组里会有1～2个特别活跃的色票。下面从整体把控、季节的考虑、流行色与常用色、穿着对象、流行与个性五个方面对流行色的应用做进一步讲解。

1. 整体把控

流行色不是一般人所认为的只是一两种色，也不是单独的几个色相，而是由几个色相的多种色彩组成的带有倾向性的多种色调，以适应多方面的需要。

流行色的魅力在于代表季节的新鲜感，它是冲破了习惯的色彩应用规则而组合起来的一种色调。流行色的发布以一组一组的形式出现（每组约7～9个颜色），色调感觉是多个色相不同彩度和明度的综合表达，如"放松"（2011春夏德国提案的第二个主题），是由淡黄褐色、瓷釉色、烟草褐、奶油薄荷色、亚麻灰、灰蓝色、兔毛灰、浅黄绿色和米黄色组成。具体运用时，并不是要将一组中所有的色都用上，而是可以选择其中一两种色为主，其他色与之相配；要仔细阅读文字说明，抓住本季流行的要领；再以"放松"为例，本主题"聚焦轻松感和存在感，一个自然而优雅的色彩世界传达出宁静、祥和、现实的光感。过度曝光与漂白过的自然色调，营造出一种令人愉悦的富于活力的随意感。结构与图案有一种裸露的、被重新发现的色彩效果"。只要能把握住流行的情调与气氛，运用中的色彩不一定必须是色卡上的，设计师完全可以凭借各自对流行色的理解和感受，发挥其想象力和创造力，配置出特定情调和风格的色彩来。实践中有趣的是，某个整体的色彩气氛要比某个单一的颜色被认为更有力地推动着色彩周期的循环。

2. 季节的考虑

流行色的一大特征就是季节性，流行色的发布与色卡是以春夏和秋冬来区分的。春夏和秋冬的流行色所显示的气氛和情调大不相同，春夏季流行色一般较明艳且色彩对比强，主要用于春夏季的服装与服饰；秋冬季流行色一般较含蓄、沉着，明度和彩度上都趋于平稳，主要用于秋冬季的服装与服饰。

从消费者看，大家不可能每个季节都将衣橱里的衣物更换掉，因此，下一季的产品色彩就要与这些衣物的色彩相协调，否则我们不会购买任何新的衣物。从商业角度看，每一季的色彩都需要有足够明显的变化，从而为新一季的服装增加新鲜感，以创造良好的销售。但是，同时也需要留有足够多的时间让人们接受这些新色彩并不断将之补充进自己的衣橱中。这之间，以季节性为前提的对过去一两年的色彩传承很重要。色彩预测者必须意识到消费者对于趋势方向变化的接受能力以及对这一变化的可接受时间。

3. 流行色与常用色

"常用色"指与"流行色"相对应的，那些广大消费者常年习惯使用的色彩，它适应性广，有着很长的生命周期，如黑色和藏蓝色，预测专家将常用色比作产业色彩中的"面包和黄油"。常用色与当地的民俗、环境、宗教、人种有一定的联系，如欧洲的常用色乳白色、米色和咖啡色等，欧洲人崇尚秩序、调和，此类色与他们的肤色、发色以及建筑色在一起特别协调。中国流行色协会2005年对全国主要城市的居民进行了色彩认知和取向方面的调查，其中一项主要内容"服装服饰色彩的喜好"调查显示，白色、黑色是人们最喜欢和次喜爱的服装颜色，无论从性别、年龄，还是从地域、季节上看，人们对无彩色系里中性色的偏爱都远远高于其他颜色（占近50%的比例）；蓝色紧接其后，这种喜爱从某种程度上反映了中国人现阶段服饰中常用色彩的现状。

常用色的应用远远超过流行色的比重，常用色占70%，流行色占30%。流行色往往比较漂亮，色性明确，来得快，去得也快，可能只出现在某一季中，如紫色。在年轻人的品牌中和流行的款式中，流行色运用得较多；常用色的特点是彩度较低，视觉效果比较柔和，适合与各种纯色进行搭配。通常，在经典的品牌中、经典的款式中、质地昂贵的服装中多用常用色。流行色与常用色之间没有绝对的分界线，它们相对依存，相对转化，一些经常出现在流行色循环周期中的色彩慢慢就成了常用色。有流行色，就必有常用色；学习流行色，更应该关注常用色。预测者和设计师经常以常用色为基础去寻找时髦的颜色。

4. 穿着对象

每一个服装品牌都有自己的风格和人群定位，定位不同，流行色的关注程度和运用的多少有很大区别。以无印良品为例，这是一个以天然原色为主的服装品牌，大的色调几乎年年一样，但时尚的感觉总能在某个局部被捕捉到。例如，2013年流行的墨蓝色出现在服饰品的一条围巾中，配合天然轻薄的纱线，这个墨蓝色更添了几分雅致，在整个卖场中即新鲜又不突兀。

色彩趋势除了供专业人士使用外，流行色的传播留下了一个大的空间让穿着者根据自己的意思进行搭配。不同的人对色彩的感受和喜好是各不相同的，美国人偏爱鲜艳富有朝气的色彩；法国人喜爱明朗轻快的色调；日本人欣赏阴郁而不喜欢明亮，欣赏朴素而不喜欢媚柔；年轻人喜好流行中的尖端色；中老年人倾向使用流行色中的基础色。当然，人对色彩的感情是多样的，有时也会出现一些相反的需求，即使是同一类型的人中间，其色彩感觉也是因人而异的。所以，流行色的应用一定要针对不同的对象而采取不同的方式。

5. 流行与个性

今天，信息传递的方便与快捷使一些代表时尚或带有时尚感的东西充斥着我们四周，驱使着你不得不去关心它们。时尚领导着潮流，也在统一着审美，稍不留神就掉进了流行的海洋。关注时尚不等于盲目追随，体现流行不等于放弃个性。每个人一定要有属于自己的色系，可在相对稳定的情况下少量吸收新鲜颜色，以保持个人的穿着风采（每年的流行色卡都包含许多色，总有一色适合你）。在人的装扮中，色彩是一个显性要素，在外观上很容易获得个性与特殊性；但用得不好也很容易流于俗气。

思考题

1. 色彩预测在纺织服装行业的重要性与意义？
2. 怎样看待和理解色彩预测的技能？
3. 如何对待流行色？服饰色彩中，流行色与常用色的关系？

练习题

请为18个月后的特定季节做色彩趋势的预测（习题7-1-1 ~ 习题7-1-11）。

● 要求与方法：

（1）以小组为单位，将一个班级的学生分为几组，在一个课题下进行训练，整个作业过程是对同学们团队合作精神的考验。模拟国际色彩趋势会议的形式进行作业汇报，一组代表一个国家，老师充当主席的角色。

（2）预测的内容是关注的重点，其次是预测展示的形式。展示形式有视频、色板加PPT电子文件，小组汇报时，有人宣讲，有人展示色板。有的团队为了携带方便，装订成册；有的团队也会根据预测的需要，为了更加生动地表达主题内容，别出心裁地弄出一些有趣的样式。总之，未来的事情是需要有一些根据，但也可以充满任何想象。

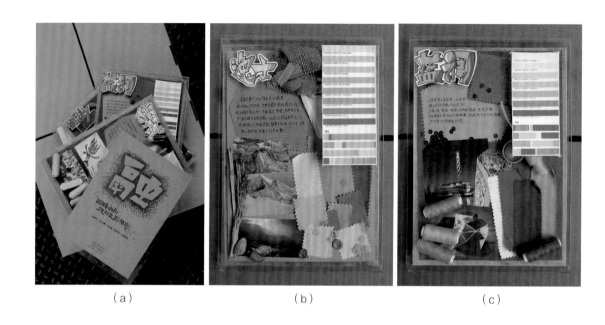

（a） （b） （c）

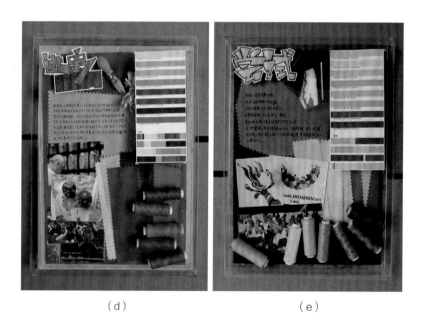

（d） （e）

习题7-1-1 2019—2010 秋冬色彩预测——融

（刘睿越、张乐暄、马海潮、叶洁露-2007级）

（a）　　　　　　　　　　　　　　　　　（b）

（c）　　　　　　　　　　　　　　　　　（d）

（e）　　　　　　　　　　　　　　　　　（f）

习题7-1-2　2012 — 2013秋冬色彩预测（徐隆、朱雯、吕璐、李楠慧、王予涵–2009级）

治愈

当下的世界如同马戏团，一派鸡同鸭讲、各说各话的众生喧哗，充斥着狂烈的咆哮、夺目的呈现、狂欢的杂耍。人心沉浮包裹上坚硬的外壳，躲在自身一角冷眼旁观、互相猜疑。社会经历农业革命、工业革命、信息革命，人心柔软对撞时代的机械冰冷、沉郁如雾霾迟迟不得散去。痛苦膨胀，人们苦苦不得出路，心灵时代应运而生，我们呼唤的，是一个时代治愈法……

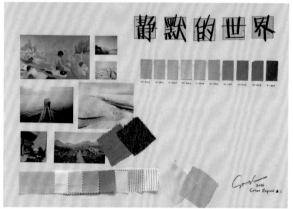

（a）安宁　静谧　明快

形形色色，来路匆匆。吵闹、喧嚣、窃语一刻不停，容不下一片安宁之地。耳际凌乱内心混杂，人们寻求治愈狂躁的良策，脱逃于世间喧嚣迷乱。这个时代，冥想、旅行、修行风靡一时，只为寻来一片心灵的静默，在世界的角落里，获一方沉静世界。

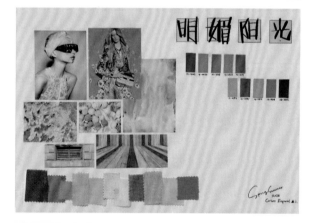

（b）灿烂　轻松　闲适

靠近温暖是人心的本能，自古追求天朗气清，阳光带来的温度融化的是游积在心中的晦暗。午后，驻足灿烂的万里晴空下，自然的缤纷色彩似糖果般跳跃眼底。闲适，明快、停顿，在阳光下呼吸，似生活中一次长长的喘息，带来的平静治愈往日的烦乱。

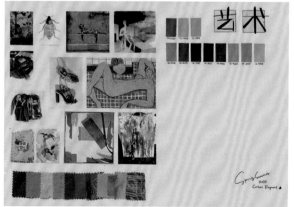

（c）自由　解放　突破　创新

现代艺术是对传统的思维模式的一种反叛，其目的不是打破原有的秩序，而是试图创造高于传统秩序的层次，表征个性的解放、人性的觉醒与心灵的自由。经历着浮躁混乱的社会，艺术通过解构传统，消解了一切的拘谨木讷，着力从生命本源处重新估价和认识人的价值，着力表现对当下的思考。通过艺术，人们寻找到的纯真的自我，获得了精神和心理上的满足感。

（d）民族　强烈　冲撞　对比　鲜艳

在这狂躁的世界，我们似乎更应该回归人类最原始的表达。这种表达是亦真亦幻的历史沉淀，也是物质和精神的距离。有距离，有差异，就会产生想象。翻越躁动的社会，回归最淳朴的色彩，意味着在文明和自然的链接点上，人类与自然和解的可能，表达着在现代文化冲撞下的民族想象。

（e）烟雾　霓虹灯　闪耀　夜晚　工业

大都市灯火通明的夜晚如同一场奢华的银河旅行，散发着一种雅致的气息；一种大心情早已氤氲全球，忘掉你我吧，尽管去放松，尽管去庆祝，尽管去创造；物质与精神迸发出的烟火，渐渐治愈了人心；我还有午后阳台那小提琴飘扬的旋律，你听到了吗？

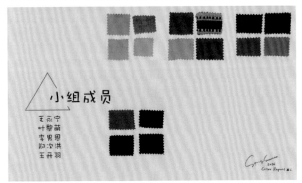

习题7-1-3　2016春夏色彩预测——治愈（毛永宁、叶黎萌、王开羽、李男恩、郑次洪-2012级）

习题7-1-4　2013春夏色彩预测（石富贤、周先银、徐扬、国枳彤、张啸驰）

习题7-1-5 2012—2013秋冬色彩预测
——生活（江竹婧、吴绮雯、盖婷月、李
紫、李惠利-2009级）

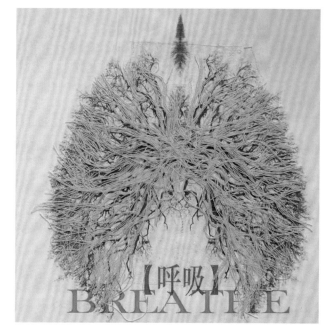

习题7-1-6 2011—2012秋冬色彩预测——呼吸

（张帆、魏婷、郑可、温雅、孔潇睿-2008级）

习题7-1-7 2011 春夏色彩预测——00：42

（田丹露、许诺、 郭永、何海荣、崔亚男、金筱辰-2008级）

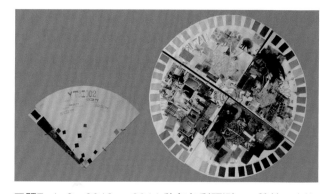

习题7-1-8 2013—2014秋冬色彩预测——赞美、庇佑

（邓云、姜希嘉、莫子维、林汩-2011级）

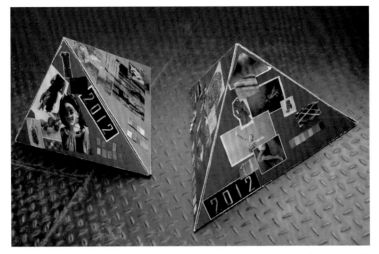

习题7-1-9　2012—2013秋冬色彩预测（于洋、刘超峰、王强风）

（a）

（b）

习题7-1-10　2011-2012秋冬色彩预测——细菌盒（肖青、刘征、王珺、周师墨、李圃珍、任秀智-2008级）

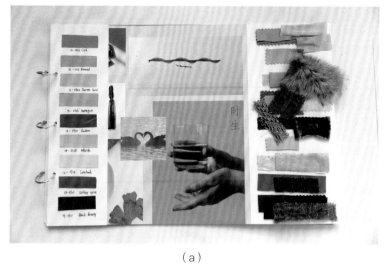

（a）

（b）

（c）

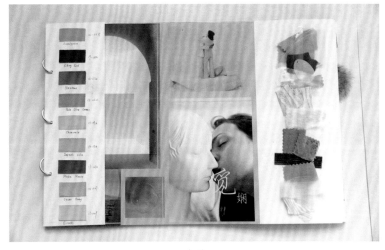

（d）

（e）

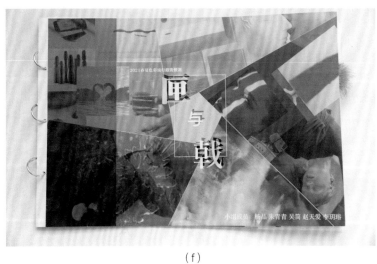

（f）

习题 7-1-11　2021春夏色彩预测——匣与戟（杨晶 、朱青青、吴简、赵天爱、李玥瑢-2017级）

参考文献

[1] 千村典生.服装的色彩[M].陈晓炯,译.2版.日本：镰仓书房,1982.

[2] 大智浩.设计的色彩计划[M].陈晓炯,译.9版.中国台北：大陆书店,1985.

[3] 林书尧.色彩学概论[M].8版.中国台北：三民书局,1980.

[4] 张荆芬.色彩构成[J].美术家通讯,1985.

[5] 伊顿.色彩艺术[M].杜定宇,译.上海：上海人民美术出版社,1985.

[6] 吴永.探索流行色的奥秘[M].北京：轻工业出版社,1986.

[7] 蔡作意.国际流行色研究[M].杭州：浙江美术学院出版社,1986.

[8] 白文明,朱景辉.彩色摄影与美术设计[M].沈阳：辽宁美术出版社,1987.

[9] 顾森.现代艺术鉴赏辞典[M].北京：学苑出版社,1998.

[10] 曾凡恕,曾耀.中国艺术美学散论[M].郑州：河南人民出版社,1992.

[11] 李浴.西方美术史纲[M].沈阳：辽宁美术出版社,1983.

[12] 北京纺织科学研究所.蝴蝶色彩研究与运用[M].北京：中国财政经济出版社,1965.

[13] 辞海编辑委员会.辞海：生物分册[M].上海：上海人民出版社,1975.

[14] 欧秀明,赖来洋.实用色彩学[M].中国台北：雄狮图书公司,1987.

[15] 程子然.抽象画家眼中的摄影[M].中国香港：摄影画报有限公司,1985.

[16] 孙长林.美的源泉：中国民间工艺美术学术论文集[C].北京：中国旅游出版社,1993.

[17] 中央工艺美术学院.工艺美术辞典[M].哈尔滨：黑龙江人民出版社,1988.

[18] 黄庆元,等.服装色彩学[M].6版.北京：中国纺织出版社,2014.

[19] 华梅.中国服装史[M].天津：天津人民美术出版社,1999.

[20] 雷伟.服装百科辞典[M].北京：学苑出版社,1994.

[21] 李当歧.服装学概论[M].北京：高等教育出版社,1998.

[22] 佟波,慈旭,华迦.民间窗花[M].北京：人民美术出版社,1954.

[23] 希利.色彩与生活[M].张琰,译.中国台北：好时年出版有限公司,1983.

[24] 金开城.文艺心理学概论[M].北京：北京大学出版社,2004.

[25] 赖琼琦.设计的色彩心理[M].中国台北：视传文化事业有限公司,2003.

[26] 叶立诚.服饰美学[M].北京：中国纺织出版社,2001.

[27] 黛安,卡斯迪.色彩预测与服装流行[M].李莉婷,邓涵予,欧阳琦,等译.北京：中国纺织出版社,2007.

[28] 中国流行色协会.国际流行色委员会色彩报告"2011春夏"[J].北京：中国流行色协会,2009.